网络空间安全丛书

移动互联网
匿名及应对技术

Anonymous Techniques and
Countermeasures in Mobile Internet

■ 申屠浩 王良民 殷尚男 赵 蕙◎编著

人民邮电出版社

北 京

图书在版编目（ＣＩＰ）数据

移动互联网匿名及应对技术 / 申屠浩等编著. -- 北京：人民邮电出版社，2024.5
（网络空间安全丛书）
ISBN 978-7-115-62400-0

Ⅰ. ①移… Ⅱ. ①申… Ⅲ. ①移动通信－互联网络－安全技术 Ⅳ. ①TN929.5

中国国家版本馆CIP数据核字(2023)第141792号

内 容 提 要

匿名技术通过不可观察性和不可关联性来实现对通信双方的身份、位置或通信关系的隐藏。随着网络技术的发展，匿名技术与应对技术产生了革新式的变化，本书从技术发展脉络的角度厘清这一趋势。首先，介绍了传统的基于洋葱路由的匿名网络工具，重点关注匿名技术从覆盖层匿名通信系统到网络层匿名通信协议的变化；然后，阐述了匿名技术与应对技术的相关原理、分析工作，并给出详细的实践操作方法，使读者更好地了解匿名网络的结构与意义，帮助初学者从零开始搭建匿名网络平台。

本书内容新颖，注重理论联系实际，可作为电子信息工程、计算机科学与技术、网络安全等相关专业的研究生、高年级本科生以及相关科研人员、工程技术人员的参考书籍。

◆ 编　　著　申屠浩　王良民　殷尚男　赵　蕙
　　责任编辑　王　夏
　　责任印制　马振武
◆ 人民邮电出版社出版发行　　北京市丰台区成寿寺路 11 号
　　邮编　100164　 电子邮件　315@ptpress.com.cn
　　网址　https://www.ptpress.com.cn
　　固安县铭成印刷有限公司印刷
◆ 开本：700×1000　1/16
　　印张：13.25　　　　　　　　　 2024 年 5 月第 1 版
　　字数：260 千字　　　　　　　 2024 年 5 月河北第 1 次印刷

定价：129.80 元

读者服务热线：**(010)53913866**　 印装质量热线：**(010)81055316**
反盗版热线：**(010)81055315**
广告经营许可证：京东市监广登字 20170147 号

前　言

匿名技术是一把双刃剑，不仅能用于保护合法用户的隐私，也会被非法用户用于隐藏恶意行为。因而，攻与防的博弈一直在实践和科研两个层面上进行演练，随着移动互联网带来的网络技术变革，相应的匿名技术也在更新和变化，而对应的匿名应对技术也因此而改变。

以身份匿名为例，用户有时会基于自身安全和隐私需求，希望对不可信任的访问域和公用网隐藏其真实身份，并防止对其位置进行跟踪；然而，从公共安全的角度考虑，缺乏监管的身份匿名，必然会被非法用户恶意使用。以网络通信技术为例，数据包的内容可以利用密码学技术进行加密，数据包头却因为传统互联网的路由传输需要，必须保持明文状态；攻击者通过捕获通信流量和分析数据包头，就可以推断目标用户或服务类型、定位目标位置，进而实施被动或主动攻击；匿名者提出了多址复用技术来隐藏包头的位置信息，然而在基于端边云结构的网络中，从接入的记录到网络数据的云存储，都给基于人工智能的用户画像、网站指纹分析、应用工具本身的流量指纹等提供了训练数据，从而攻与防的演练由最初的网络技术，进化为基于网络技术和网络数据的智能分析。为此，匿名技术的定义也由最初单纯的网络技术，拓展为意义更广泛的实现通信双方的身份、位置或通信关系的隐藏的行为，即实现网络身份和网络行为的不可观察性和不可关联性的技术，包含了网络技术、通信技术、数据分析技术和人工智能技术。

由于匿名及应对技术的涵盖范围已经越来越广泛，我们很难用先理论储备后技术实现的总体思路来搭建本书的知识体系。为此，我们试图去思考——既然匿名及应对技术是一种实用技术，那么我们应该让读者快速地理解和使用该技术。基于这种思考，本书围绕匿名及应对技术，手把手教初学者获得属于自己的匿名网络平台和匿名通信数据，以及如何基于这些数据来做一些关联分析。本书以基本原理和实际部署方法这两条主线来进行讲述，在对暗网及其攻防目标进行初步介绍后，每一章都开始于介绍匿名网络和暗网的功能、相关的实现原理，落地于具体的部署和使用方法、匿名性能的分析方法等。所以，本书注重理论和实践的有效结合，先介绍清楚我们要做什么，然后带着目标和问题去动手操作。

在介绍匿名技术时，本书吸收了国内外的最新发展成果，使用了大量最新的软件和工具。传统的匿名网络部署方法需要使用多台计算机。为了更方便地进行匿名网络部署，本书引入了云平台方案，即使用虚拟计算机节点来替代物理计算机，这样既可以大大提高匿名网络部署效率，也可以快捷地进行匿名网络节点角色的切换。实际使用 Tor 软件来进行匿名网络的搭建。为验证匿名通信的相关性能，使用机器学习方法对通信数据包进行了分析。本书融合了网络技术、云计算技术、大数据技术、人工智能技术、网络流量分析技术等内容，以匿名技术的攻防需要、实践平台搭建作为主线，由浅入深地讲述和指导这一过程的实施，而不要求读者具有相关的基础知识。

本书内容为国家自然科学基金重点项目"移动匿名网络及设备的匿名及应对措施"（No.U1736216）的部分研究成果。本书将科研成果应用于教学，为读者提供接触最新前沿技术的机会，帮助读者培养独立解决复杂综合问题的能力，相关领域的研究者也可以通过本书快速获得实验平台，将自己所学用于这一需要很多综合知识的专门领域。这就是我们编写本书的初衷——降低从事本行业的门槛，吸引更多的初学者快速成为本领域的从业者；为本领域需要的相关技术从业者提供基础实验平台，让更多的其他领域从业者将所擅长的新兴技术应用于本领域困难问题的解决。

王良民

2023 年 1 月 11 日于大禹山下

目　录

第1章
互联网及移动互联网的发展和用户隐私面临的威胁

信息技术的广泛应用和网络空间的发展极大地促进了经济社会的繁荣进步,同时也带来了经济、文化、社会,以及公民在网络空间的合法权益等方面的新的安全风险和挑战。越来越多的隐私信息可以通过网络获得,这些数据所隐藏的价值也吸引了各种商业或其他用途的掠夺。用户数据可能面临广泛的监测,可能被商业公司收集和出售,可能由于网络攻击而泄露,用户对隐私的担忧正成为在线活动中越来越重要的问题。匿名网络的出现,满足了用户保护隐私的正当需求,但带来积极作用的同时,也因为各类匿名滥用给社会带来了消极影响,亟待加强监管。

🔍 1.1 无处不在的网络

20 世纪末兴起的互联网发展到 21 世纪,从地区到全球范围,连接了越来越多的私有网络,包括学术网络、企业网络、商业网络等。互联网应用不断增加,除了电子邮件、网络通话、文件共享、WWW 服务等早已融入人们生活的基础应用服务外,近年来,网络支付等金融类应用,网络文学和音乐、网络游戏、网络视频、网络直播等娱乐类应用,网络购物等商业类应用,网约租车、在线教育等公共服务类应用飞速增长,新的移动网络和虚拟世界正重构我们的生活。

互联网接入技术的发展非常迅速,带宽由最初的 14.4 kbit/s 发展到 100 Mbit/s、1 Gbit/s,甚至 100 Gbit/s,接入方式也由过去单一的电话拨号方式,发展成多样的有线和无线接入方式,接入终端向各类移动设备发展,用户以手机、平板电脑、笔记本计算机、电子书阅读器、车载电子系统、智能可穿戴设备等各种移动终端设备,通过蜂窝网络或 Wi-Fi 连接无线局域网(Wireless Local Area Network,

WLAN）访问互联网。如果网络信息最初是通过键盘输入、语音录入、相机图像或条码扫描等方式由人们来获取和创建的，随着第 6 版互联网协议（Internet Protocol Version 6，IPv6）、云端服务、人工智能等技术和业务流程的发展，所有能行使独立功能的普通物体将能够实现互联互通，冰箱、空调、汽车、记录运动数据的球鞋和球拍等，所有物品的地点、位置、状态都可以被追踪、计算、观察、识别和评估，这些数据信息所带来的巨大价值将不可估量。然而，这种无处不在的互联互通是以牺牲隐私为代价的。

🔍1.2　无处不在的隐私威胁

　　享受互联网带来的巨大便利的同时，人们也不得不面对随之而来的隐私威胁。人们在通过网站浏览各种信息时，大部分网站会要求使用者注册私人信息，如姓名、性别、家庭住址、联系方式等，这样网站就收集了个人信息。因为互联网的特点，这些个人信息极易被泄露，从而给受害人造成无法挽回的财产损失或精神伤害。

　　互联网应用的普及使保护通信隐私成为越来越重要的安全要求。随着移动互联网的迅速发展，人们几乎可以在任何时间、任何地点连接互联网，与此同时，人们的身份标识、位置、浏览的网站、工作单位、购买的物品等信息都可能被泄露，手指的每一次点击，都有可能泄露自己的隐私和行踪，引发安全事故和隐私威胁，暴露出互联网在隐私安全机制方面的脆弱性。在网络通信中，数据包（Packet）的内容可以利用密码学技术进行加密，包头却因为传统互联网的路由传输需要而必须保持明文。攻击者通过捕获通信流量和分析包头，就可以推断目标用户或服务类型，定位目标位置，进而实施被动或主动攻击。如果攻击者捕获包头，根据 IP 地址，就可以知道消息的发送方和接收方以及他们的通信行为，例如，通信流量分析中如果发现一个 IP 地址有大量通信量或者大量流数，则可以推断这是一台提供数据存储服务的主机或提供认证的服务器；根据端口号，可以推断服务类型，80 端口为 Web 服务，25 端口为邮件服务。因此，面对通信网络中存在的重大隐私风险，仅依靠消息加密提供内容的机密性是远远不够的，需要研究如何隐藏通信实体的身份信息，使攻击者无法通过搭线窃听和流量分析数据包头来得到用户的真实身份，或对用户通信进行跟踪。

🔍1.3　隐私行为的匿名需求

　　之所以无法仅通过数据加密来保护用户的隐私，是因为用户使用网络产生的网络通信中的原始数据，包括消息的内容和用于消息路由的元数据仍可以被攻击者捕获，分析出源地址、目的地地址、消息长度等，进而推断用户的身份、通信双方的地理位置和通信关系等。保护网络空间隐私的需求推动了匿名通信领域的广泛研究，以隐藏消息从何处来、到何处去，使用户可以在使用互联网服务时隐藏 IP 地址等终端主机身份以及通信关系等敏感信息，免受各种网络攻击，从而保护隐私。

匿名技术通过不可观察性和不可关联性来实现对通信双方的身份、位置或通信关系的隐藏，在现代网络通信中得到了广泛的应用，各种匿名通信系统相继出现。近年来，匿名通信系统已经从小范围部署发展为被广泛使用，隐形网计划（I2P）、Freenet、Zeronet 等都是被广泛使用的匿名通信系统。

1.4　匿名行为的监管

匿名技术是一把双刃剑，合法用户或执法者可以利用，恶意用户同样可以利用其做出恶意行为。匿名技术的蓬勃发展一方面为合法用户提供了隐私保护，另一方面也为网络空间的违法犯罪活动提供了伪装。恶意用户通过使用匿名技术来隐藏其真实网络身份，提高网络犯罪活动的隐蔽性，逃避监管和执法。

隐私保护不能成为匿名技术被滥用的理由，互联网上的各种匿名通信系统在实现用户隐私保护的同时，对安全监管带来了干扰。基于 Tor 的匿名通信系统隐匿了数据包中的 IP 地址、端口以及负载（Payload）中所蕴含的有效信息，给执法机构调查取证和打击犯罪活动带来了严峻的挑战。为此，匿名网络的追踪技术，如基于 IP 包头信息的追踪方法、基于可疑流量的分析方法等，成为追踪并确认匿名网络中通信双方的通信关系的重要方法，并在实践中发挥了对匿名隐私行为进行监管的重要功能。

第2章

暗网

互联网的深度远远超出了我们普遍使用的标准搜索引擎能够索引的内容，这些不能被传统搜索引擎索引的内容即深网。在深网中，只能通过 Tor、I2P 等访问的匿名网络被称为暗网。一般认为，匿名通信系统 Tor[1]构建了暗网的基石和秩序。

🔍 2.1 对暗网的利用

20 世纪 90 年代中期，洋葱路由体系结构被提出，通过洋葱路由器（Onion Router，OR）的多层加密，有效地隐藏客户端的 IP 地址，奠定了 Tor 网络的技术原型和基础。2004 年 Tor 软件开源后，由非营利性组织电子前沿基金会等继续资助开发，目前几乎全世界范围内，由全球志愿者运行中继节点，帮助互联网用户隐藏网络背后的真实身份。

暗网提供不同类型的匿名服务，包括文件匿名存储服务、加密邮件服务、匿名即时通信服务、匿名搜索引擎服务，以及匿名社交媒体和论坛服务等。暗网有自身复杂的设计和运行机制。用户可以把暗网当作一个黑盒，只需下载一个客户端接入程序，通过简单设置，就可以匿名接入暗网。个人、企业、研究机构等都可能使用 Tor 匿名上网，或部署 Tor 志愿节点。

🔍 2.2 暗网的移动化趋势

暗网的隐藏网络背后真实身份的特性造成了其双面性，它既可以满足用户正当的保护隐私的需求，也可能被不法分子用于隐匿犯罪痕迹或者从事其他恶意行为。暗网中非法匿名活动泛滥，例如，利用暗网进行僵尸网络攻击、非法交易、出售黑客服务等，这些依托暗网提供的危害社会安全的匿名服务因其巨大的危害性已被列为新型网络威胁之一[2-4]。

随着移动终端用户的大幅增长，2010 年，Tor 面向移动设备的应用——Orbot 发布，Orbot 能在 Android 操作系统上通过 Tor 匿名访问网络。最早的 Orbot 应用程序无法支持漫游，即应用程序需要在每次切换后重新启动，用户才能继续使用 Tor。这个问题在 2014 年被修复，现在 Orbot 在重新连接到互联网时自动构建一组新的 Tor 链路。Orbot 这一适用于移动平台的暗网接入软件的发布，使接入暗网更方便。用户身份的多样性以及移动互联网可随时随地访问的特性意味着基于移动匿名网络的安全威胁也会相应增加。移动互联网的发展可能加大匿名通信系统对社会安全造成的危害，学习成本进一步下降、接入方式进一步简化、用户的移动性进一步提升都增加了监管的困难，我们不免担心，当暗网的服务可以运行在移动设备上时，犯罪行为的移动化将会给执法部门的追踪造成更大的障碍。

2.3　与暗网相关的匿名通信系统与协议

Tor 是暗网的基石，使用.onion 的域名后缀和基于洋葱路由的流量匿名化技术。此外，还有 I2P、Freenet、Java Anon Proxy、Zeronet、Tails、Mixmaster 等匿名通信系统，其中部分获得了广泛的应用，部分提供了新的研究思路。

2.3.1　基本分类

根据实现匿名通信的网络层次不同，可将其分为覆盖层匿名通信系统和网络层匿名通信协议。覆盖层匿名通信系统根据通信时延性能又可分为高时延匿名通信系统和低时延匿名通信系统。网络层匿名通信协议根据不同网络层协议在计算量和包头开销方面的不同需求以及是否对数据包负载提供完整性保护的特性，可以分为网络层轻量级匿名通信协议和网络层洋葱路由匿名通信协议。

无论哪种分类方法，安全属性和性能属性是所有匿名通信系统共同关注的问题，不同的匿名通信系统通过不同的结构或协议设计来平衡安全和性能，因此期望获得的安全属性和性能属性有所不同。

具体而言，匿名通信关注的安全属性包括以下几个方面。

（1）发送方和接收方的匿名性。匿名网络将通信两端用户的身份、行为和网络地址等隐私信息隐藏在特定的匿名集合中，令攻击者无法通过捕获的数据包识别通信行为具体是由哪一个实体发起的，无法识别通信双方的身份以及具体的网络地址信息，从而也无法将正在通信的发送方和接收方进行关联。

（2）会话不可链接性。给定来自两个不同会话的两个数据包，攻击者无法确定这些数据包是否和同一个发送者或接收者相关联。

（3）地理位置隐私。当用户隐藏他的地理位置时，攻击者无法追踪用户的位置。

（4）路径信息的机密性和真实性。即使攻击者攻陷了路径上的部分节点也无法推断出路径上的节点总数或与通信任一端的终端主机的距离，攻击者也无法修改路径或伪造新路径。

（5）数据包有效负载保密和端到端的完整性。在终端主机可信的情况下，攻击者除了数据包序列之间的时间间隔等边信道信息外，无法从数据包负载中学习到任何信息。

（6）抵制流量分析。当攻击者能够操纵流量进行主动流量分析，或观察流量进行被动流量分析时，时延、填充、整形、混淆、拟态等技术使攻击者仍然无法识别通信端点。

在获得期望的安全属性的基础上，匿名网络会在系统开销、可拓展性、吞吐量方面提升性能，以达到更优的用户体验。

2.3.2　覆盖层匿名通信系统

本节概括介绍几种主要的覆盖层匿名通信系统。

1. Tor

在各种匿名通信系统中，Tor 最受欢迎。为了建立安全的连接，Tor 客户端应用程序在数据包的源和目的地之间建立加密连接，连接通道中的洋葱节点是随机选择的。加密连接分步发生，每一步使用一个特定的加密密钥，因此单个洋葱节点只知道从哪个节点接收数据包，以及将数据包转发到哪个节点。洋葱路由器作为访问暗网的网关，创建在传输层协议的基础上，因此属于覆盖层网络。

Tor 使用多跳代理机制对用户通信隐私进行保护，客户端默认情况下使用基于加权随机的路由选择算法选择 3 个中继节点，入口中继节点是 Tor 网络的入口节点，中间节点将流量从入口节点传送到出口节点。这一方式用于确保匿名性，并在入口节点和出口节点之间架起桥梁。出口节点是洋葱网络流量到达目的地之前经过的最后一个节点。Tor 客户端逐跳与这些中继节点建立链路。在数据传输过程中，客户端对数据进行三层加密，由各个中继节点依次进行解密。由于中继节点和目的服务器无法同时获知客户端 IP 地址、目的服务器 IP 地址以及数据内容，从而保护了用户隐私。

2004 年 Tor 开始支持隐藏服务，为暗网的出现提供了技术支撑。Tor 暗网是目前规模最大的暗网之一。Tor 隐藏服务是仅能在 Tor 暗网中通过特定形式的域名.onion 访问的网络服务。Tor 暗网的基本组件包括客户端、目录服务器、隐藏服务目录服务器、洋葱路由器和隐藏服务器，所有组件的功能都集成在 Tor 软件包中，用户可以通过设置文件对具体功能进行设置。Tor 隐藏服务器在启动时会选择 3 个引入节点作为其前置代理，并将引入节点及其公钥信息上传至隐藏服务目录服务器。客户端访问隐藏服务时，首先建立 3 跳链路访问隐藏服务目录服务器，获取引入节点和公钥信息。随后客户端选择一个汇聚节点作为客户端和隐藏服务器通信链路的汇聚点，并将汇聚节点的信息通过引入节点告知隐藏服务器。客户端和隐藏服务器各自建立到达汇聚节点的链路，完成 6 跳链路的搭建后即可开始通信。Tor 用户通过 6 跳链路访问隐藏服务器，在此过程中任意节点无法同时获知 Tor 客户端 IP 地址、隐藏服务器 IP 地址以及数据，保障了 Tor 客户端与隐藏服务器的匿名性。本书着重关注 Tor 的技术方法和针对 Tor 的流量识别，后续章节会就 Tor 技术细节做更详细的分析。

2. I2P

I2P 采用大蒜路由创建 P2P 匿名连接，同时支持传输控制协议（Transmission Control Protocol，TCP）和用户数据报协议（User Datagram Protocol，UDP）传输。如图 2.1 所示的 I2P 隧道中，每一跳节点只掌握相邻节点的信息，无法获知通信双方的通信关系，从而保证通信的匿名性。I2P 于 2004 年发布首个 PC 稳定版本，于 2014 年发布 Android 客户端，用户可以设置 I2P 的隧道跳数、带宽和时延等参数，以满足特定匿名性能需求。与 Tor 具有目录服务器，在中心位置存储 Tor 节点的统计信息不同，I2P 是分布式的，I2P 使用网络数据库（Network Database，NetDB）在 I2P 网络上存储信息。

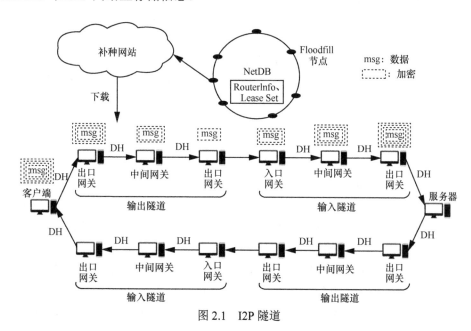

图 2.1　I2P 隧道

I2P 中的节点分为 Floodfill 节点和 Nonfloodfill 节点两类。节点默认初始身份为 Nonfloodfill，满足性能要求的节点会自适应地成为 Floodfill 节点，其数量约占所有 I2P 节点的 6%。Floodfill 节点保存 RouterInfo 和 LeaseSet 两类数据信息：RouterInfo 包括节点的 ID、公钥、签名、通信协议以及端口等内容；LeaseSet 包括服务哈希（Hash）值、隧道入口网关（Gateway）节点和起止有效时间等信息。I2P 系统根据 Kademlia 算法来组织所有的 Floodfill 节点，形成 I2P 的 NetDB 以提供对所有 RouterInfo 和 LeaseSet 信息的保存、查询等功能。

I2P 的客户端和服务器均利用多跳单向加密隧道进行通信，以保护双方通信隐私。节点初次加入 I2P 网络时，从官方补种网站（Reseed Website）进行补种，获取部分 RouterInfo，并根据路由选择机制建立单向隧道。隧道根据用途可以分为探测隧道和客户隧道，根据数据传输方向可以分为输入隧道和输出隧道。其中，探测隧道用于辅助构建、测试客户隧道和查询 NetDB 中的信息等，客户隧道用于应用服务如 Web 浏览、聊天室、邮件和文件共享等。客户端和服务器在通信过程中分别建立各自的输入和输出隧道，默认隧道长度为 3 跳，一次完整的通信过程需要 4 条隧道参与。客户端发生的数据先采用端到端加密，然后在客户端进行 3 次加密后发送到输出隧道的网关节点，并在各个节点上分别进行解密后转发到服务器的输入隧道的 Gateway 节点，然后依次在各个节点上加密并转发到服务器，最后由服务器通过 4 次解密得到明文数据，数据反向发送过程与此类似。多跳隧道中的节点只知道其前驱和后继节点信息，从而隐藏通信双方的通信关系，同时单向隧道通过增加参与通信的节点数量来提升通信的匿名性。

3. Freenet

Freenet 是一个分布式的匿名信息存储与检索系统，于 2000 年发布，在为用户提供文件上传、下载与检索功能的同时，能够保障文件发布者与查阅者的匿名性。Freenet 在设计上追求保护文件的发布者和查阅者的匿名性、本地存储的可否认性、能够抵抗第三方对信息可访问性的破坏、高效分布式存储与路由、完全去中心化等目标。Freenet 的使用通过浏览器完成，简单便携，应用程序在后台建立连接，用户可以自主选择需要的安全级别，文件共享通信通过对等网络（Peer to Peer，P2P）进行。Freenet 多跳的文件传输和检索机制保障了文件发布者与查阅者的匿名性，文件分块加密存储保证了本地存储的可否认性，文件的冗余存储机制保证了部分节点离开网络情况下文件依然具有较高可访问性，利用分布式哈希表（Distributed Hash Table，DHT）提供了高效分布式存储与路由，非结构化的 P2P 架构避免了系统对于中心节点的依赖。由于 Freenet 每次建立连接时，都会重新创建新路径，与 Tor 和 I2P 相比，其每次重新打开页面需要更多的时间开销。

所有 Freenet 节点分布在周长为一个单位的逻辑环上，这些节点按功能可以分为种子节点和非种子节点，默认新加入的节点均为非种子节点，种子节点具有辅助发现节点的功能。Freenet 中新节点随机产生一个介于[0,1)的实数，用于标识其在环上的位置。每个节点会贡献一定大小的本地硬盘空间共同构成 Freenet 的存储空间。

Freenet 节点有 2 种工作模式：Opennet 模式和 Darknet 模式。Opennet 模式下，节点可以和任何其他节点建立连接，与自身节点一跳直接相连的节点称为邻居节点，邻居节点的数量与该节点的带宽呈正相关。新节点在加入网络时通过种子节点获取其他节点的信息，然后选择邻居节点建立连接从而加入 Freenet 网络。Darknet 模式下，节点只能和用户添加的信任节点建立连接，以此保证安全性。Freenet 节点在不同工作模式下的安全性和匿名性不同，在 Opennet 模式下，更容易面临恶意节点的威胁。

2.3.3　网络层匿名通信协议

近年来，许多新的研究关注在网络层实现匿名通信，在网络层基础设施中构建匿名通信协议，该类协议部分解决了运行在传输层 TCP/UDP 之上的匿名通信协议的可拓展性和性能限制问题。相比覆盖层匿名通信系统，网络层匿名通信协议同样以不泄露用户的 IP 地址为前提，但在性能方面具有 3 个优点：首先，网络层匿名通信协议只涉及传输层之下的层，消除了覆盖网络中上层的处理和过多的排队时延；其次，此类协议可以直接使用源与目的地之间的较短路径，而不需要对覆盖网络中所建立的长路径进行重定向操作，从而减少传播时延；最后，作为网络基础设施的路由器可以提供比现有志愿服务器更高的吞吐量，从而提高匿名通信的整体吞吐量。

根据现有的网络层匿名通信协议对计算量和包头开销的不同要求，可将其分为网络层轻量级匿名通信协议和网络层洋葱路由匿名通信协议。网络层轻量级匿名通信协议，如轻量级匿名协议（Lightweight Anonymity Protocol，LAP）[5]、Dovetail 协议[6]和路径隐藏（Path-Hidden，PHI）协议[7]，由网络路由设备来解密和验证路径段。路径段是该类协议的关键，包含了转发数据包所需的所有基本信息，因此不需要在每个路由节点维持流状态，并且每个路由节点不单独设置密钥，这是轻量的一个原因。另一个原因在于这类匿名通信协议不对数据包的负载进行加密操作，在应用此类协议时，可以自由选择上层端到端的数据加密来实现数据机密性，用户可以根据自己的隐私需要来平衡隐私与性能。网络层洋葱路由匿名通信协议，如 Hornet 协议[8]、Taranet 协议[9]，由路径上的网络设备进行与洋葱路由相似的多层加密操作来建立流，对每个数据包使用逐跳认证加密，每条路径上的路由节点需要在其路径段内存储必要的密钥，这使包头开销增大。

1.　网络层轻量级匿名通信协议

（1）LAP

LAP 是一种可以实现实时双向匿名通信的网络层轻量级匿名通信协议，其通过模糊终端主机的拓扑位置实现匿名性。LAP 网络拓扑模型如图 2.2 所示，用户 S 想要和目的地 D 进行匿名会话，S 和 D 之间会经过若干自治域（Autonomous System，AS）。LAP 的目的是隐藏由 S 发起的到达 D 的路径，关键在于每个数据包都包含加密的包头，包头中包含完整的路由信息，为了实现匿名性，每个 AS 只能从到达数据包的包头中了解到属于本域的路由信息，消息就这样沿着加密的路径转发。

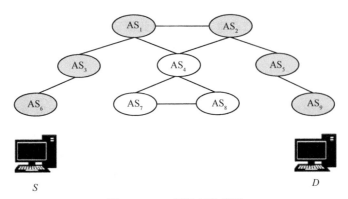

图 2.2 LAP 网络拓扑模型

当 S 想要和 D 进行通信时，首先发送空的数据包用于与目的地 D 建立连接，在包头中建立加密路径段的过程如图 2.3 所示。LAP 中有这样的定义：该数据包中已经事先包含了目的地 D 的地址，所以每个 AS 均可以独立地决定如何转发数据包。例如，AS_3 在了解目的地地址的情况下，知道它需要转发数据包给 AS_1。LAP 假设每一个 AS 都有一个本地密钥。首先，AS_6 使用自己的本地密钥 K_6 对转发信息（即 AS 的路由决策）进行加密，例如 AS_6 中的 a 就是 AS_6 的出口接口。然后，AS_6 将加密后的路径信息添加到包头的路径段中。其他 AS 也进行类似的操作，直至 AS_9 完成此操作之后，此时数据包的包头中就包含了所有加密的转发信息。数据传输过程中，可以将连接建立过程中获得的加密路径包头添加到所有的数据包中，每一个 AS 只需用自己的密钥进行解密便可得到转发信息来转发数据包。

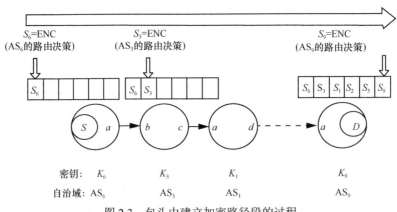

图 2.3 包头中建立加密路径段的过程

在 LAP 中，路由决策中的路径段的具体构造如式（2.1）和式（2.2）所示。

$$x_i = \text{ENC}(K_i^e; M_i) \tag{2.1}$$

$$S_i = x_i \| \text{MAC}_{(K_i^s)}(x_i \| S_{(i-1)}) \tag{2.2}$$

其中，M_i 表示 AS 的路由决策，例如数据包进入或退出的接口，$\text{ENC}(K_i^e; M_i)$ 表示用密钥 K_i^e 加密 M_i，$\text{MAC}_K(m)$ 表示使用密钥 K 的 m 的消息认证码，K_i^e 表示由随机数衍生出的对称密钥，K_i^s 表示 AS 的当前短期密钥。

（2）Dovetail 协议

LAP 不能提供接收方匿名，但它为探索在网络层实现匿名通信提供了很多的灵感。Dovetail 协议的思想是在 LAP 的基础上通过使用间接节点来隐藏目的地。源 S 的网络服务提供商能够关联源 S 和目的地 D，因此不能直接构建从源到目的地的路径。Dovetail 协议采用随机选择第三方节点作为辅助节点，帮助建立完整的路径。首先，S 使用辅助节点 M 的公钥加密目的地地址，得到 $m = \text{ENC}(K+; D)$，其中 $K+$ 表示公钥，并建立到达 M 的路径。M 使用自己的私钥解密出 D，即 $D = \text{DEC}(K-; m)$，其中 $K-$ 表示私钥。但此时辅助节点并不知道 S 的地址，同时 M 建立可以到达 D 的路径，S 选择一个两条路径都经过的 AS 作为 Tail 节点，并将其提供给 M，由 Tail 节点形成完整路径。Tail 节点的存在可以弱化路径在建立过程中对辅助节点 M 的依赖性。在 Dovetail 协议中没有 AS 同时知道源和目的地的地址，从而保证了安全性。

（3）PHI 协议

PHI 协议提出了一种隐藏路径信息的有效包头格式和一种新的可与当前及未来网络架构兼容的后退路径建立方法，在安全性方面，将 LAP 和 Dovetail 协议的匿名集扩展了 30 多倍；在性能方面，在商用软件路由器上达到 120 Gbit/s 的转发速度。

为了防止 AS 的位置被泄露，PHI 协议中采用段位置随机化的思想。将一个段插入数据包的包头时，以密钥键入的伪随机函数来算出伪随机位置，随后进行插入操作。PHI 协议中段位置随机化的过程如图 2.4 所示。例如，AS_6 计算出的位置号是 3，则将 S_6 插入包头中的确定位置。对于其他 AS 也进行相同的操作，这种方法可以防止攻击者捕捉到包头中段位置之间的关联。

PHI 协议中隐藏路径信息的核心思想是在包头中随机化每个节点段的位置。在随机化过程中，首先，节点使用伪随机函数来计算其段在包头中的位置。函数的输入是该节点的本地密钥和会话身份，输出是该节点要插入的位置。然后，每个节点生成自己的路径段。最后，节点将自己的段插入计算好的位置中。

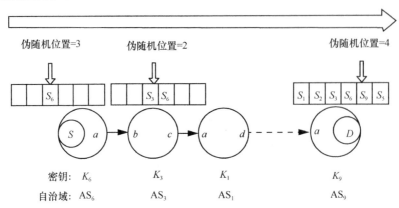

图 2.4　PHI 协议中段位置随机化的过程

　　但这种操作在两个 AS 计算的位置号相同时，会产生冲突。例如，AS_6 计算出的位置号是 3，AS_1 的位置号也是 3，后者将把前者覆盖。针对冲突问题，PHI 协议给出两种解决方案。第一种方案是进行多次实验操作，同时发送多个会话建立请求数据包。第二种方案是采用更大的包头空间，以 4 跳的路径为例，12 个段的空余空间可以解决冲突问题。

　　为了与当前的互联网架构兼容，即在没有源控制转发路径的情况下正常工作，PHI 协议中采用后退路径建立方案。首先，由源 S 建立一条到达辅助节点 M 的路径，这部分路径的构建过程与 Dovetail 协议类似。不同之处在于，Dovetail 协议中需要借助辅助节点 M 来拓展一条不同的路径，而 PHI 协议是由辅助节点沿着前向路径的相反方向发出请求，从而寻找中间节点。每一个在路径上的 AS 都可以独立地检查其自身是否可以转发数据包给目的地。当一个节点成为中间节点之后，创建一个新的路径段，并且将出口端口的字段更改为朝向目的地，同时在自己的段中设立"中间"标志，最后中间节点便可以建立到达 D 的路径。

　　2. 网络层洋葱路由匿名通信协议

　　网络层洋葱路由匿名通信协议与网络层轻量级匿名通信协议相比，显得复杂一些。虽然后者可以在未来网络架构上提供网络层低时延匿名通信，但高性能是以牺牲安全性保障为代价的，对数据包有效负载的保护依赖于上层协议，也增加了整体复杂性。网络层洋葱路由匿名通信协议针对这些缺陷进行了改进，默认提供数据包有效负载的保护，也可以抵御利用多个网络观察点的攻击。网络层洋葱路由匿名通信协议有以下两点特征：第一，和网络层轻量级匿名通信协议一样，为了实现高拓展性，节点转发数据包所需要的状态一般由数据包携带，会话状态卸载至终端主机，这样中间节点可以快速转发流量；第二，为了实现高效的数据包处理，会话建立成功之后，在数据传输过程中，数据有效负载使用洋葱加密的方式进行加密保护，中间节点采用在路径建立阶段协商好的对称密钥来加密或解密数据包。

（1）Hornet 协议

Hornet 协议的基本目标是实现可拓展性和高效性。为了实现互联网规模的匿名通信，Hornet 中间节点必须避免保存每一会话状态，如加密密钥和路由信息等，由终端主机将会话状态嵌入包头中，使每个中间节点可以在数据包转发过程中提取自己的状态。

由终端主机嵌入会话状态会带来问题，如泄露会话的加密密钥，路由节点需要防止会话状态的泄露。为了解决这个问题，每个 Hornet 节点都使用一个本地密钥加密会话状态，并将此加密后的状态称为转发段（Forwarding Segment，FS）。FS 允许构建它的节点检索嵌入信息，嵌入信息包括下一跳节点、共享密钥、会话到期时间等，同时对于未授权的节点信息不可见。以上操作实现了 Hornet 流量的位模式不可链接性和数据包路径信息的机密性，防御基于数据包内容匹配数据包的被动攻击，但不足以应对更复杂的主动攻击。

FS 作为 Hornet 协议中重要的转发单位，与 LAP 中路径段定义方式类似，即

$$FS = FS\_CREATE(SV, s, R, EXP) \tag{2.3}$$

$$\{s\|R\|EXP\} = FS\_OPEN(SV, FS) \tag{2.4}$$

其中，SV 表示只有创建该 FS 的节点才知道的秘密值，s 表示节点与源共享的密钥，R 表示路由信息，EXP 表示会话到期时间。节点通过 FS_CREATE 和 FS_OPEN 这两个功能相反的函数来加密和解密节点转发数据包时所需的转发状态。

Hornet 的包头重用于会话中的所有数据包，并且有效载荷不受完整性保护，因此 Hornet 协议无法防止数据包重放。攻击者可以任意更改有效载荷，使数据包看起来与处理节点合法的新数据包无法区分。这种重放攻击可以和流量分析结合使用，将可识别的指纹插入流中，有助于对通信端点进行去匿名化。

（2）Taranet 协议

低时延匿名通信系统抵制流量分析的能力十分有限；而高时延匿名通信系统以计算开销和长时延为代价提供强大的安全保证，却不适用于广泛的互联网交互式应用。在网络层采用洋葱路由的思想，Taranet 协议的会话建立阶段使用混淆机制抵制流量分析；在数据传输阶段，终端主机和 AS 协调使用数据包分割技术将流量整形为恒定速率传输，性能属性方面 Taranet 协议可以以超过 50 Gbit/s 的速度转发匿名流量。

图 2.5 和图 2.6 分别表示 Taranet 协议在会话建立阶段和数据传输阶段的流程。

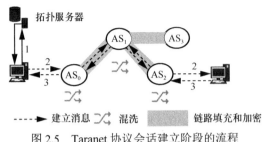

图 2.5　Taranet 协议会话建立阶段的流程

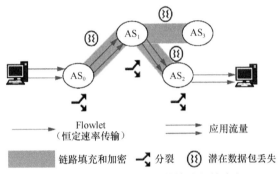

图 2.6　Taranet 协议数据传输阶段的流程

　　与前文所述的网络层匿名通信协议类似，Taranet 协议也分为两个阶段：会话建立阶段和数据传输阶段。在会话建立阶段，每个 Taranet 节点处理会话建立消息时进行混洗。在中间节点处理会话建立消息之后，节点将消息在本地组合成大小为 m 的批次。一旦有足够多的消息就可形成批处理，节点首先在每个批处理中随机化消息顺序，然后发出批处理。通过批处理和命令随机化，Taranet 节点便可以模糊消息的时间和顺序。对手通过观察非受损节点的输入和输出数据包，无法将输出数据包与批处理中相应的输入数据包进行匹配，从而抵制了流量分析。因为需要累积到足够多的消息才形成批处理，所以这种批处理技术也会带来额外的时延，但鉴于网络中存在大量的同时连接，因此引入的时延非常低。

　　在数据传输阶段，免受流量分析的基本思想是将流量整形为恒定速率传输。Flowlet 是基本传输单元，终端主机以恒定的速率 B 和最大生命周期 T 来传输数据包。在 Flowlet 的生命周期 T 内，终端主机始终以速率 B 来传输数据包，必要时添加垃圾数据包。Flowlet 的关键属性是不仅在终端主机上而且在所有遍历的链路上保持恒定的传输速率。为了实现恒定速率的传输，理想情况下每个 Flowlet 应在每个节点以速率 B 到达或离开。然而，抖动、丢弃可能导致速率变化，但数据包分裂技术允许终端主机创建一种特殊的数据包，这种数据包可以在特定中间节点处分离成两个数据包，生成的数据包和其他不可分离的数据包无法区分，生成的数据包仍经过相同的路径并且到达接收者的终端主机。

🔍2.4　识别匿名流量

暗网的隐匿性催生出各类新型网络犯罪，危害公共安全，匿名通信系统通过加密、包填充、混淆、掩饰流等手段隐藏通信流中的通信关系，匿名流量追踪溯源面临技术瓶颈。

如何有效打击非法利用网络空间的恶意行为，如何防范和查处新型网络犯罪成为研究者关注的热点，加强匿名技术的研究，发现并识别匿名服务以及身份查证识别技术成为网络安全领域研究人员的重点方向。在学术研究领域，有超过一半的针对 Tor 的研究集中在去匿名化方面。

2.4.1　防止匿名网络的滥用

提供 Web 服务的运营方也可以通过屏蔽来自 Tor 出口节点的流量，减少 Tor 恶意用户所能使用的功能，IP 过滤可以阻塞目标地址为 Tor 中继节点的匿名流量，通过深度包检测技术可以识别 Tor 协议，但是匿名流量仍可以通过混淆、前置域等方法逃避监测，并且仅通过阻塞方法无法追溯托管非法内容的匿名服务。

2.4.2　匿名流量分析

流量分析方法通过对匿名数据流进行长时间的观察并记录大量的有效数据流来分析网络数据特征，针对匿名流量的分析可以降低匿名性。Tor 作为低时延匿名通信系统，其即时转发通信内容的设计使数据包方向、大小以及数据包到达时间间隔等边信道信息并未被完美隐藏，因此我们可利用边信道信息结合机器学习技术对匿名流量进行分类或识别，这类识别匿名流量的方法被称为基于机器学习方法的流量分析技术。其中，网站指纹（Website Fingerprinting，WF）识别技术[10]是当前针对 Tor 网络进行监测的重要的有效方法之一，其核心思想是对用户加载匿名网页时生成的匿名流量中蕴含的边信道信息进行分析并建立网站指纹，继而通过有监督分类算法进行识别，根据网站指纹判断用户匿名访问的网站。

第3章
CloudStack 私有云平台的搭建

CloudStack 是一个具有高可用性及扩展性的开源云计算平台，同时是一个云计算解决方案，可以加速高伸缩性的公共云和私有云基础设施即服务（IaaS）的部署、管理、设置。以 CloudStack 作为基础，数据中心操作者可以方便快速地通过现有基础架构创建云服务。本章将依据理论基础和实际操作环境搭建 CloudStack 私有云平台，为后期的网络实验环境提供基础。

3.1 理论基础

3.1.1 云计算

云计算是分布式计算的一种，通过将巨大的数据计算处理程序分解成无数个小程序，再利用网络中多台服务器组成的云系统处理和分析这些小程序，得到结果并返回给用户。早期的云计算即简单的分布式计算，解决任务分发，并进行计算结果的合并，因而又被称为网格计算。通过这项技术，可以在很短的时间（几秒钟）内完成对数以万计的数据的处理，获得强大的网络服务。

通常，云计算服务分为 3 类，即 IaaS、平台即服务（PaaS）和软件即服务（SaaS）。这 3 种云计算服务有时被称为云计算堆栈，以下是 3 种服务类型的具体介绍。

（1）基础设施即服务

基础设施即服务是主要的服务类别之一，是指云服务提供商向个人和组织提供虚拟化计算资源，比如虚拟机、存储、网络和操作系统。

（2）平台即服务

平台即服务是一种服务类别，为开发人员提供构建应用程序和服务的平台。PaaS 为开发、测试和管理软件应用程序提供按需开发环境。

（3）软件即服务

软件即服务通过互联网提供按需软件付费应用程序，云服务提供商托管和管理软件应用程序，允许其用户连接到应用程序并通过互联网访问应用程序。

虽然从技术或者架构角度看，云计算都是比较单一的，但是在实际情况下，为了适应用户不同的需求，它会演变为不同的模式。在美国国家标准技术研究院（NIST）的关于云计算概念的著名文档 *The NIST Definition of Cloud Computing* 中，共定义了云计算的 4 种模式，它们分别是：公有云、私有云、混合云和行业云。接下来，将详细介绍每种模式。

（1）公有云

公有云是现在最主流的云计算模式。它是一种对公众开放的云服务，能支持数目庞大的请求，因为规模上的优势，公有云成本偏低。公有云由云服务提供商运行，为用户提供 IT 资源。云服务提供商负责从应用程序、软件运行环境到物理基础设施等 IT 资源的安全、管理、部署和维护。在使用 IT 资源时，用户不需要任何前期投入，只需为其所使用的资源付费，所以非常经济。在公有云中，用户不清楚还有其他哪些用户、整个平台是如何实现的，甚至无法控制实际的物理设施，所以云服务提供商能保证其所提供的资源满足安全和可靠等需求。

许多 IT 巨头都推出了他们自己的公有云服务，包括 Amazon 的 AWS、微软的 Windows Azure Platform、Google 的 Google Apps 与 Google App Engine 等，一些著名的 VPS 和 IDC 厂商也推出了他们自己的公有云服务，例如 Rackspace 的 Rackspace Cloud 和国内世纪互联的 CloudEx 云快线等。

（2）私有云

关于云计算，许多大中型企业难以在短时间内大规模地采用公有云技术，可是他们也需要云计算所带来的便利，所以私有云应运而生。私有云不对公众开放，主要为企业内部提供云服务，在企业的防火墙内工作，并且企业的相关工作人员能对数据、安全性和服务质量进行有效控制。与传统的企业数据中心相比，私有云可以支持动态灵活的基础设施，使各种 IT 资源得以整合和标准化。

在私有云领域，主要有两大联盟：其一是 IBM 与其合作伙伴，主要推广的解决方案有 IBM Blue Cloud 和 IBM CloudBurst；其二是由 VMware、Cisco 和 EMC 组成的 VCE 联盟，它们主推的是 Cisco UCS 和 vBlock。已经建设成功的私有云有采用 IBM Blue Cloud 技术的中化云计算平台和采用 Cisco UCS 技术的 Tutor Perini 云计算中心。

（3）混合云

混合云虽然不如公有云和私有云常用，但已经有类似的产品和服务出现。混合云是把公有云和私有云结合到一起的方式，它让用户在私有云的私密性和公有云的灵活低廉之间做权衡。例如，企业可以将非关键的应用部署到公有云上来降低成本，而将安全性要求很高、非常关键的核心应用部署到完全私密的私有云上。

混合云的例子有 Amazon 虚拟私有云（VPC）和 VMware vCloud。例如，通过 Amazon VPC 服务将 Amazon EC2 的计算能力接入企业防火墙内。

（4）行业云

行业云主要是指专门为某个行业的业务设计并且对多个同属于这个行业的企业开放的云，有一定的应用潜力。盛大的开放平台颇具行业云的潜质，它能将整个云平台共享给多个游戏开发团队，这些小型团队只需负责游戏的创意和开发，其他和游戏相关的烦琐的运维可转交给盛大的开放平台来负责。

现阶段的云服务是集分布式计算、效用计算、负载均衡、并行计算、网络存储、热备份冗杂和虚拟化等混合演进并跃升的结果，具有虚拟化、动态可扩展、按需部署、灵活、可靠、高性价比和可扩展性等特点。

（1）虚拟化技术

云计算最显著的特点是应用虚拟化技术突破了时间、空间的界限，虚拟化技术包括应用虚拟和资源虚拟两种。物理平台与应用部署的环境在空间上是没有任何联系的，其正是通过虚拟平台对相应终端操作完成数据备份、迁移和扩展的。

（2）动态可扩展

云计算具有高效的运算能力，在原有服务器基础上增加云计算功能可以使计算速度迅速提高，最终实现动态扩展虚拟化，达到对应用进行扩展的目的。

（3）按需部署

计算机包含了许多应用，不同的应用对应的数据资源库不同，所以用户运行不同的应用需要较强的计算能力对资源进行部署，而云计算平台能够根据用户的需求快速配备计算能力及资源。

（4）灵活性高

目前，市场上大多数 IT 资源、软件、硬件都支持虚拟化，例如存储网络、操作系统和开发软件、硬件等。虚拟化要素被统一存储在云系统资源虚拟池中进行管理，可见云计算的兼容性非常强，不仅可以兼容低配置机器、不同厂商的硬件产品，还能够通过外设获得更高性能的计算。

（5）可靠性高

即使部分服务器出现故障也不影响计算与应用的正常运行。因为单点服务器出现故障可以通过虚拟化技术将分布在不同物理服务器上的应用进行恢复，或利用动态扩展功能部署新的服务器进行计算。

（6）性价比高

将资源放在虚拟资源池中统一管理在一定程度上优化了物理资源，用户不再需要昂贵、存储空间大的主机，可以选择相对廉价的个人计算机组成云，一方面减少了费用，另一方面计算性能不逊于大型主机。

（7）可扩展性

用户可以利用应用软件的快速部署条件来更简单快捷地对自身所需的已有业务以及新业务进行扩展。例如，计算机云计算系统中设备出现故障，对于用户来说，无论是在计算机层面上，还是在具体运用上均不会受到阻碍，可以利用计算机云计算的动态扩展功能对其他服务器开展有效扩展，以确保任务有序完成。在对虚拟化资源进行动态扩展的情况下，能够同时高效扩展应用，提高计算机云计算的操作水平。

3.1.2　CloudStack

本章实验选取 CloudStack 云平台进行部署，CloudStack 是 IaaS 类型云计算的一种开源解决方案，同类的解决方案有 OpenStack、OpenNebula 等。CloudStack 是以 Java 语言研发并具有高可用性、可扩展性、丰富的用户界面（UI）功能、Hypervisor 的多样性等特点，可以通过组织和协调用户的虚拟化资源，从而让用户快速和方便地在现有的架构上建立自己的云服务，并且帮助用户更好地协调服务器、存储网络资源，从而构建一个 IaaS 平台。

CloudStack 系统架构如图 3.1 所示，主要包括管理节点、Zone、Pods、Clusters、Hosts、主存储（Primary Storage）和二级存储（Secondary Storage）。

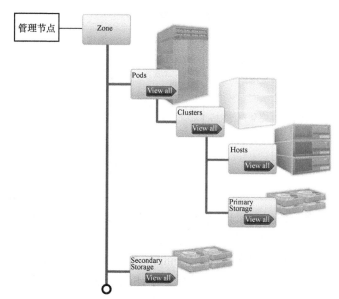

图 3.1　CloudStack 系统架构

（1）管理节点是整个云平台的核心部分，整个 IaaS 平台工作将统一汇总在服务管理节点进行处理，管理节点主要划分为两部分：管理和监控系统、接收和响应操作命令。

（2）Zone 是 CloudStack 中最大的组织单元，很多资料将其解释为抽象的数据中心，从单独功能来看，Zone 可以抽象为一个机房，如果考虑分布式，也可以抽象为数据中心，因为只要网络可达，CloudStack 就能不考虑距离而对抽象资源池进行调配。一个 Zone 由一个或者多个 Pods、二级存储和网络架构组成。在规范的设计中，一般 Zone 之间可以实现完全物理隔离或者逻辑隔离，当然，也可以在同一套物理架构中，划分两个 Zone，既可以隔离也可以不隔离，具体取决于管理员如何使用。

（3）Pods 可以被理解为机柜，Pods 包含了交换机、服务器和存储设备。在 CloudStack 设计中，将 Pods 理解成一个二层网络下的机柜，也就是说在一个 Pods 中，Hosts 和 Pods 应该属于相同网段，否则无法加入 Pods。

（4）Clusters 即集群，由一组相同或相似硬件型号的计算节点组成。

（5）Hosts 即计算节点，用于提供真实的计算资源。

（6）主存储主要负责存储虚拟机数据。

（7）二级存储主要负责存储虚拟机的模板、快照和 ISO 映像文件的组件，是 Cloud Stack 中的辅助存储，与主存储配合使用，共同实现存储管理功能。

表 3-1 比较了 CloudStack、OpenStack、VMware vCloud 这 3 种云平台。

表 3-1　云平台对比

云平台	风格	专注方向	面向群体	架构	扩展性	升级
CloudStack	解决方案	兼顾传统企业应用和云	企业、互联网行业、云服务提供商	简单的解决方案，简单的部署架构	40 000 个计算节点	升级简单
OpenStack	框架	完全的云风格	云服务提供商、互联网	大量松耦合的组件进行整合	依赖于很多小组件的大量扩展	早期不支持版本升级，升级复杂
VMware vCloud	企业级产品	只基于传统企业架构	企业	一个复杂的管理产品的套件，大量的 API、服务器和数据库	2 000 个计算节点	大量产品的复杂升级，花费时间多

横向对比发现，CloudStack 拥有简单的架构部署，方便管理上万台物理服务器、UI 管理界面美观易用、各版本之间有很好的兼容性、支持物理机及虚拟机的故障迁移、能灵活地设计网络架构。CloudStack 更具体的功能如下：便于与运行了 XenServer/XCP、KVM、Hyper-V 以及含有 vSphere 的 VMware ESXi 的主机共同使用；提供基于 Web 的 UI 管理云；提供本地 API；提供可选的与 Amazon S3/EC2 兼容的 API；管理在虚拟机监控程序上运行的实例的存储（主存储）以及模板、快照和 ISO 映像（辅助存储）；可以将网络服务从数据链路层（L2）协调到某些应用程序层（L7）服务，例如动态主机配置协议（DHCP）、网络地址转换（NAT）、

防火墙、虚拟专用网络（VPN）等；网络、计算和存储资源核算；多租户/账户分离；用户管理。

3.2　私有云平台搭建实验

3.2.1　实验概述

本章学习搭建 CloudStack 私有云平台，便于后期基于私有云部署 Tor 网络。实验目的如下。

（1）了解云计算、虚拟化技术、云平台的运行模式。

（2）了解 CloudStack 云平台。

（3）熟悉 Linux 基本操作，学习搭建 CloudStack 私有云平台。

实验资源如下。

（1）硬件资源：一台计算机。

（2）软件资源：CentOS 7 镜像、CloudStack 离线安装包，以及对应版本的虚拟机（VM）模板。

3.2.2　实验步骤

搭建 CloudStack 需要先准备好系统环境，包括操作系统、网络环境、安全外壳（SSH）协议访问服务器、网络时间协议（NTP）服务和网络文件系统（NFS）服务；然后，安装 CloudStack 管理服务器，设置基于内核的虚拟机（KVM）管理。

1. CentOS 7 操作系统安装

使用 UltraISO 软件和 CentOS 7 的镜像文件制作启动 U 盘，重启服务器，按 F11 键进入菜单，选择 U 盘启动。进入安装界面后，选择 Install CentOS 7，如图 3.2 所示。

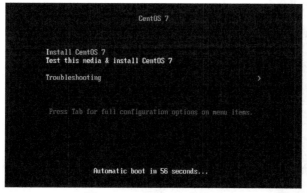

图 3.2　CentOS 7 安装界面

进入图形化安装界面进行安装设置，单击右下角按钮安装，如图 3.3 所示。注意选择最小化安装，不要安装图形界面，图形界面自带的 jdk 会和 CloudStack 搭建安装的 jdk 版本冲突。

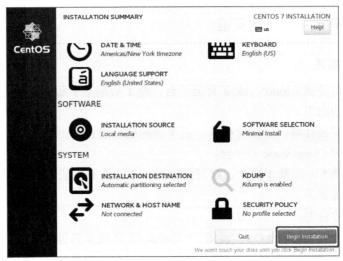

图 3.3　开始安装

分配磁盘时，根目录空间应设置得大一点。可以先让系统自动分配，再把/home 的空间减小，即可使根目录的空间增大。

安装过程中，根据程序提示设置用户名和密码，例如 root/root 和 os01/admin25b，如图 3.4 所示。

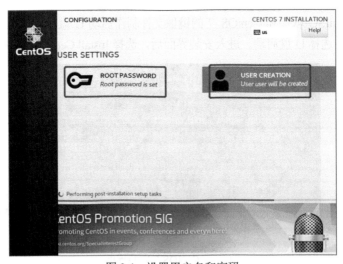

图 3.4　设置用户名和密码

安装完成后，输入用户名和密码即可登录 CentOS 7 系统，如图 3.5 所示。

图 3.5　登录界面

2. 配置网络

配置网络接口前，建议先升级系统，这里升级系统内的所有包，但不升级软件和系统内核，并确保已经安装了网络设置工具 bridge-utils 和 net-tools，命令如下。

```
# yum -y upgrade
# yum install -y bridge-utils net-tools
```

接下来，需要创建 CloudStack 的静态网桥。查看连接网络的网卡，在目录 /etc/sysconfig/network-scripts/中找到其对应的设置文档，以连接网络的网卡为 eno1 为例，设置文档就是目录下的 ifcfg-eno1。

```
TYPE="Ethernet"
NAME="eno1"
UUID="399eb3b2-a4b2-457f-b130-7e6b08163a41"
DEVICE="eno1"
ONBOOT="yes"
BRIDGE=cloudbr0
```

复制 ifcfg-eno1 文件，命名为 ifcfg-cloudbr0。将设备号更改为 cloudbr0，TYPE 更改为 Bridge，并为该接口配置静态 IP。下面示例中使用了 192.168.1.0/24 网段，接口 IP 指定为 192.168.1.110，掩码设置为 255.255.255.0，网关 IP 设置为 192.168.1.1。

```
TYPE=Bridge
PROXY_METHOD="none"
BROWSER_ONLY="no"
BOOTPROTO="static"
IPADDR=192.168.1.110
GATEWAY=192.168.1.1
NETMASK=255.255.255.0
DNS1=172.20.1.173
DNS2=172.20.1.174
DNS3=8.8.8.8
DNS4=8.8.4.4
DEFROUTE="yes"
```

```
IPV4_FAILURE_FATAL="no"
IPV6INIT="yes"
IPV6_AUTOCONF="yes"
IPV6_DEFROUTE="yes"
IPV6_FAILURE_FATAL="no"
IPV6_ADDR_GEN_MODE="stable-privacy"
NAME="cloudbr0"
DEVICE="cloudbr0"
ONBOOT="yes"
```

设置完成后即可重启网络服务，正常情况下应在 5 s 左右恢复连接。如果长时间不能恢复连接，说明设置存在错误。开启和重启网络服务命令如下。

```
# systemctl enable network
# systemctl restart network
```

CloudStack 要求正确设置主机名，如果在安装中使用了默认选项，那么当前主机名设置为 localhost.localdomain，以下命令可以用来测试主机名。

```
# hostname -fqdn
```

程序回显"localhost"，可以通过修改 /etc/hosts 文件设置主机名，用 Vim 编辑器打开文件，命令如下。

```
# vim /etc/hosts
```

在 hosts 文件中增加 192.168.1.110 srvr1.cloud.priv 语句。

修改文件后重启网络服务，重新检查并确保返回修改后的主机名。

```
# systemctl restart network
# hostname -fqdn
```

网络配置完成后，可以通过一些基本的 Linux 命令查看网络设置是否成功。

查看本机 IP 地址，对应网桥 cloudbr0 显示 ping 192.168.1.110，则设置成功，命令如下。

```
# ipaddr
```

查看路由信息，显示 default via 192.168.1.1 dev cloudbr0，则设置成功（网桥为默认路由），命令如下。

```
# ip route
```

若不可以使用 networkmanager 进行路由设置，删除默认路由信息并添加新的路由信息，命令如下。

```
# ip route del default
# ip route add default via 10.3.200.1 dev eno1
```

以连接某网站为例，运行以下命令，检查网络是否连通。

```
# curl www.***.com
```

为了使 CloudStack 正常工作，SELinux 安全模块必须设置为 permissive，命令如下。

```
# setenforce 0
```

为了确保 setenforce 保持 0 状态，我们需要设置文件/etc/selinux/config 来反映许可状态，命令和设置文件如下。

```
# vim /etc/selinux/config
SELINUX=permissive
```

3. 安装 SSH 协议

网络配置完成后，就可以通过 SSH 协议来访问服务器，查询已经安装的软件包，确保 CentOS 7 安装了 openssh-server，查询命令如下。

```
# yum list installed | grep openssh-server
```

若显示没有安装 openssh-server，在终端运行以下命令进行安装。

```
# yum install openssh-server
```

安装完成后，找到/etc/ssh/目录下的 sshd 服务设置文件 sshd_config，用 Vim 编辑器打开 sshd_config 文件，删除 AddressFamily any 前面的#注释，配置为允许 root 远程登录，开启使用用户名和密码作为连接验证，命令和配置文件如下。

```
# vim /etc/ssh/sshd_config
AddressFamily any
PermitRootLogin yes
PasswordAuthntication yes
```

安装和设置完成后，开启 sshd 服务，并设置为开机自启动，命令如下。

```
# sudosystemctl start sshd
# sudosystemctl enable sshd
```

输入 netstat -an | grep 22，检查 22 号端口是否开启监听，如果安装成功，则显示如图 3.6 所示界面，此后即可使用用户名和密码登录，使用 Xshell 和 Xftp 远程接入和传输文件。

图 3.6　查看端口

4. 配置 NTP 服务

NTP 设置是保持云服务器中所有时钟同步的必要条件，但是默认情况下未安装 NTP，因此，应在此阶段安装和设置 NTP，命令如下。

```
# yum -y install ntp
```

NTP 的默认设置可以满足 CloudStack 的需求，只需要启用 NTP 服务，并设置为在开机时启动即可，命令如下。

```
# systemctl enable ntpd
# systemctl start ntpd
```

5. 配置 NFS 服务

NFS 是分布式文件系统，可以像访问本地存储那样访问服务器端文件，这里的主存储和辅助存储都使用 NFS 配置，因此需要设置两个 NFS 共享。

首先安装 nfs-utils，命令如下。

```
# yum -y install nfs-utils
```

用 Vim 编辑器打开/etc/exports 文件，设置 NFS 提供两个不同的挂载点，命令和设置文件如下。

```
# vim /etc/exports
/export/secondary *(rw,async,no_root_squash,no_subtree_check)
/export/primary *(rw,async,no_root_squash,no_subtree_check)
```

因为在设置文件中指定了系统中两个原先并不存在的目录，接下来需要创建目录并设置合适的权限，命令如下。

```
# mkdir -p /export/primary
# mkdir /export/secondary
```

CentOS 7.x 版本默认使用 NFSv4，NFSv4 要求域设置匹配所有客户端。这里所举的例子中，域是 cloud.priv，因此需要确保/etc/idmapd.conf 中的域设置未被注释，并且更改为所使用的根域名：Domain = cloud.priv，命令和设置文件如下。

```
# vi /etc/idmapd.conf
Domain = cloud.priv
```

接下来，用 Vim 编辑器打开/etc/sysconfig/nfs 文件，在文件底部添加或修改端口配置，命令和配置文件如下。

```
# vi /etc/sysconfig/nfs
LOCKD_TCPPORT=32803
LOCKD_UDPPORT=32769
MOUNTD_PORT=892
RQUOTAD_PORT=875
STATD_PORT=662
STATD_OUTGOING_PORT=2020
```

禁用防火墙，以使它不会阻止连接，命令如下。

```
# systemctl stop firewalld
# systemctl disable firewalld
```

最后，将 NFS 服务设置为在开机时启动，并在主机上实际启动它。

```
# systemctl enable rpcbind
# systemctl enable nfs
# systemctl start rpcbind
```

```
# systemctl start nfs
```

6. CloudStack 管理服务器安装

现在可以开始 CloudStack 管理服务器和周边工具的安装了。将机器设置为使用 CloudStack 软件包存储库，通过创建/etc/yum.repos.d/cloudstack.repo 并插入以下信息（本书使用的是 CloudStack 4.14 版本），完成 CloudStack 存储库的设置。

```
[cloudstack]
name=cloudstack
baseurl=[对应的 CloudStack 版本网址]
enabled=1
gpgcheck=0
```

接下来，安装 MySQL 并配置选项，确保 MySQL 能够与 CloudStack 一起运行。因为在线安装不稳定，建议下载 rpm 文件后通过 Xftp 将文件传输到 CentOS 7 服务器，在文件目录下运行以下语句，进行离线安装。

```
# rpm -ivh mysql-community-release-el7-5.noarch.rpm
# yum -y installmysql-server
```

安装成功后通过修改文件/etc/my.cnf 进行部分设置更改，在[mysqld]部分添加以下内容。

```
innodb_rollback_on_timeout=1
innodb_lock_wait_timeout=600
max_connections=350
log-bin=mysql-bin
binlog-format = 'ROW'
```

完成 MySQL 设置后，将其启动并设置为在开机时启动，命令如下。

```
# systemctl enable mysqld
# systemctl start mysqld
```

从 MySQL 社区存储库（之前已添加）中安装 Python MySQL 连接器。注意，mysql-connector-java 库现在与 CloudStack 管理服务器捆绑在一起，不再需要单独安装。

```
# yum -y install mysql-connector-python
```

现在，安装管理服务器以及设置代理（Agent），同样建议使用离线安装。预下载的几个文件如图 3.7 所示，使用 Xftp 传输文件。

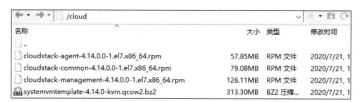

图 3.7　预下载的文件

管理服务器的本地安装，命令如下。

```
# yum update
# cd /cloud
# yum localinstall -y --downloaddir=/cloud/ cloudstack*
```

CloudStack 4.14 需要 Java 11 JRE。安装管理服务器时将自动安装 Java 11，但是最好明确 Java 11 被选定（如果已经安装了以前的 Java 版本），配置 Java 命令如下，确认 Java 版本界面如图 3.8 所示。

```
# alternatives --config java
```

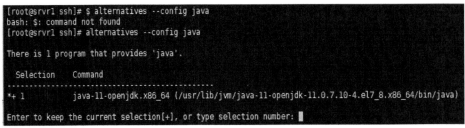

图 3.8　确认 Java 版本界面

经过多次测试发现，选择最小化安装时系统不会自动安装其他 Java 包，选择图形化安装时系统会自动安装版本号为 1.8 的 Java 包，建议采用最小化安装。完成管理服务器安装后，就可以设置数据库，使用以下命令进行操作。

```
# cloudstack-setup-databases cloud:password@localhost --deploy-as=root
```

完成此过程后，应该能看到类似"CloudStack 已成功初始化数据库"的消息。

因为数据库已经创建好，可以通过发出以下命令来完成设置管理服务器的最后一步。

```
# cloudstack-setup-management
```

如果 Servlet 容器是 Tomcat7，还必须使用参数–tomcat7。

CloudStack 使用许多系统 VM 用于访问虚拟机控制台，提供网络服务以及管理存储等各个方面的功能。当引导 CloudStack 云时，此步骤将获取准备部署的那些系统映像。

现在，我们需要下载系统 VM 模板并将其部署到刚刚安装的共享中。管理服务器包括一个脚本，用于正确处理系统 VM 映像。仍然是先下载，再离线安装，按照图 3.7 所示的文件目录结构，命令如下。

```
# /usr/share/cloudstack-common/scripts/storage/secondary/cloud-install-sys-tmplt -m /export/secondary/ -f /cloud/systemvmtemplate-4.14.0-kvm.qcow2.bz2 -h kvm -F
```

7. KVM 设置与安装

我们搭建的私有云平台将使用 KVM 作为虚拟机管理程序，该程序已经在前面的步骤中进行了安装。这里对 KVM 中包含的 libvirt 和 QEMU 部件进行配置。

```
# yum -y install epel-release
```

QEMU 设置相对简单。我们需要编辑 QEMU VNC 设置。通过编辑 /etc/libvirt/qemu.conf 并确保以下去掉注释。

```
vnc_listen=0.0.0.0
```

libvirt 的设置复杂一些，CloudStack 使用 libvirt 来管理虚拟机，因此，正确设置 libvirt 至关重要。libvirt 作为 cloud-agent 的依赖项已经安装。

（1）为了进行实时迁移，libvirt 必须监听不安全的 TCP 连接，此外还需要关闭 libvirts 组播，这两个设置都在/etc/libvirt/libvirtd.conf 中，设置参数如下。

```
listen_tls = 0
listen_tcp =1
tcp_port = "16509"
auth_tcp = "none"
mdns_adv = 0
```

（2）仅在 libvirtd.conf 中打开 "listen_tcp" 是不够的，还必须更改参数，以监听方式重新启动此程序，修改/etc/sysconfig/libvirtd，删除 LIBVIRTD_ARGS= "--listen"行的注释。

（3）重新启动 libvirt，命令如下。

```
# systemctl restart libvirtd
```

KVM 的 libvirt 和 QEMU 都设置完成后，使用 lsmod 命令检查计算机上 KVM 是否已经正常运行。

```
# lsmod | grep kvm
kvm_intel              55496  0
kvm                   337772  1 kvm_intel
```

8. Agent 初始化

运行如下指令（需要保证前面的设置都已经完成，最重要的是 cloudbr0 是默认路由）。

```
# cloudstack-setup-agent
```

Localhost 设置为 192.168.1.110,其余设置使用默认 default,完成后,检查 agent 和 management 的运行状态。

```
# systemctl status cloudstack-management
# systemctl status cloudstack-agent
```

在保证 KVM 正常的情况下，到此安装和设置完毕，接下来我们将转向使用 CloudStack UI 进行云的使用设置。

第4章
CloudStack UI 设置

CloudStack 提供一个基于 Web 的用户界面（UI），管理员和终端用户都能够使用这个用户界面。用户界面版本由于登录时使用的凭证不同而不同，适用于大多数流行的浏览器，包括 IE7、IE8、IE9、Firefox、Chrome 等。本章将依托于第 3 章搭建的 CloudStack 云平台环境，介绍在 UI 环境下如何创建和设置具体的实例，并依托于具体实例创建模板，以供后续批量化创建 Tor 节点。

🔍 4.1　理论基础

4.1.1　云镜像

云镜像向启动云服务器实例提供所需的所有信息。指定需要的镜像后，可以从该镜像中启动任意数量的实例，也可以根据实际需要从任意数量的不同的镜像中启动实例。通俗地说，镜像就是云服务器的装机盘。

云镜像与普通镜像相似但也有区别，用 Linux 系统举例，简单来说，普通镜像就是单纯的 Linux 系统，而云镜像则在系统内还带有云平台节点所需的设置和环境。

云镜像通过二级存储与 Zone 关联，云镜像存储模板、ISO 镜像以及磁盘卷快照。模板可以用于启动虚拟机的操作系统镜像，同样包括已安装应用的其他设置信息。ISO 镜像包含操作系统数据或者启动媒质的磁盘镜像。磁盘卷快照指的是虚拟机已经存储的数据副本，能用于数据恢复或者创建新模板。

云镜像可用于部署特定软件环境、批量部署软件环境、备份服务器运行环境。

（1）部署特定软件环境。共享镜像、自定义镜像、服务市场镜像的使用可以帮助我们快速搭建需要的软件环境，减少设置环境、安装软件等诸多烦琐且耗时的工作，能满足建站、应用开发、可视化管理等多种个性化需求，让云服务器即开即用，省时方便。

（2）批量部署软件环境。通过对已经部署好环境的云服务器实例制作镜像，然

30

后在批量创建云服务器实例时以该镜像作为操作系统，云服务器实例创建成功之后便具有和之前云服务器实例一致的软件环境，以此达到批量部署软件环境的目的。

（3）备份服务器运行环境。对一台云服务器实例制作镜像备份运行环境。若该云服务器实例使用过程中因软件环境被损坏而无法正常运行，则可以使用镜像恢复。

CloudStack 使用几类系统 VM 来完成云中的任务，例如 XenServer、VMware、KVM、Hyper-V。总体而言，CloudStack 管理这些系统 VM，并根据需要创建、启动和停止它们。其中，系统 VM 完成特定的任务，包括网络管理、负载均衡、防火墙管理等，来自单独的系统 VM 模板。作为 CloudStack 中的重要组成部分，系统 VM 模板支持和管理整个 CloudStack 环境，为用户提供了稳定、安全、高效的云计算环境。其具有以下特点。

（1）定制性：专门为支持 CloudStack 环境定制，包含所有需要的驱动程序和配置文件。

（2）可靠性：独立运行，不受用户 VM 的影响。

（3）可管理性：受 CloudStack 管理，可以通过 CloudStack 控制面板进行管理。

（4）资源友好：不需要大量的内存和磁盘空间，对整个系统的资源消耗影响较小。

4.1.2　SSH 和 Linux 简明命令

1. SSH 协议和工具

SSH 协议是一种网络传输协议，经常用于远程登录系统，即人们使用 SSH 协议来远程控制操作系统。类 Unix 系统是最常见的使用场合，也能在 Windows 系统下受限使用。

SSH 有 PAM 认证、公/私钥认证、密码认证、集中认证等安全登录方式。

（1）PAM 认证在设置文件/etc/ssh/sshd_config 中对应参数 UsePAM。

（2）公/私钥认证需要导入公/私钥文件，在设置文件/etc/ssh/sshd_config 中对应参数 RSAAuthentication、PubkeyAuthentication。我们在设置 SSH 免密码登录的时候采用的就是 PubkeyAuthentication 认证方式。

（3）密码认证是最常用的认证方式，在设置文件/etc/ssh/sshd_config 中对应参数 PasswordAuthentication。

（4）集中认证中最常用的是利用 LDAP（轻型目录访问协议）。

Windows 系统中，常用的 SSH 工具包括 SecureCRT、Xshell、PuTTY。SecureCRT 是一款支持 SSH 的终端软件，是 Windows 系统下登录 Unix 或 Linux 服务器主机的软件。Xshell 是一款强大的安全终端模拟软件，它支持 SSH1、SSH2，以及 Microsoft Windows 平台的 Telnet 协议。Xshell 通过互联网到远程主机的安全连接以及它创新性的设计和特色帮助用户在复杂的网络环境中工作。PuTTY 是一个 Telnet、SSH、Rlogin、纯 TCP 以及串行接口连接软件，集虚拟远程终端、系统控制台以及网络文件传输功能为一体。

绝大多数 Linux 版本均以 openssh 作为 SSH 程序，SSH 分为服务端与客户端，SSH 服务端默认启动，作为常驻服务运行，同为 Linux 系统的客户机在安装了 SSH 协议后，可以通过账号和密码直接连入服务器。

2. Linux 常用网络配置命令

Ubuntu 网络相关的配置命令用于查看 Linux 服务器 IP 地址、管理服务器网络配置、通过 Telnet 和 Ethernet 建立与 Linux 之间的网络连接、查看 Linux 的服务器信息等，下面简要说明 Linux 环境下的网络配置命令的使用。

（1）ifconfig

Linux 环境下的网络设置命令是 ifconfig，类似于 Windows 命令行中的 ipconfig。我们可以使用 ifconfig 命令来设置并查看网络接口的设置情况。

① 配置网卡 eth0 的 IP 地址，同时激活该设备。

```
# ifconfig eth0 192.168.1.10 netmask 255.255.255.0 up
```

② 设置 eth0 别名设备 eth0:1 的 IP 地址，并添加路由。

```
# ifconfig eth0 192.168.1.3
# route add -host 192.168.1.3 dev eth0:1
```

③ 激活 eth0 设备。

```
# ifconfig eth0 up
```

④ 禁用设备。

```
# ifconfig eth0 down
```

⑤ 查看指定的网络接口的设置。

```
# ifconfig eth0
```

⑥ 查看所有的网络接口设置。

```
# ifconfig
```

（2）route

route 命令用来设置并查看内核路由表的设置情况。

① 添加到主机的路由对应的命令如下。

```
# route add -host 192.168.1.2 dev eth0:0
# route add -host 10.20.30.148 gw 10.20.30.40
```

② 添加到网络的路由对应的命令如下。

```
# route add -net 10.20.30.40 netmask 255.255.255.248 eth0
# route add -net 10.20.30.48 netmask 255.255.255.248 gw 10.20.30.41
# route add -net 192.168.1.0/24 eth1
```

③ 添加默认网关对应的命令如下。

```
# route add defaultgw 192.168.1.1
```

④ 查看内核路由表的设置对应的命令如下。

```
# route
```

⑤ 删除路由对应的命令如下。

```
# route del -host 192.168.1.2 dev eth0:0
# route del -host 10.20.30.148 gw 10.20.30.40
# route del -net 10.20.30.40 netmask 255.255.255.248 eth0
# route del -net 10.20.30.48 netmask 255.255.255.248 gw 10.20.30.41
# route del -net 192.168.1.0/24 eth1
# route del defaultgw 192.168.1.1
```

对于①和②两点可使用下面的命令实现。

```
# ifconfig eth0 172.16.19.71 netmask 255.255.255.0
# route 0.0.0.0 gw 172.16.19.254
# service network restart
```

（3）traceroute

traceroute 命令可以用来显示数据包到达目的主机所经过的路由。

```
# traceroute x
```

（4）ping

ping 命令可以用来测试网络的连通性。

```
# ping x
# ping -c 4 192.168.1.12
```

（5）netstat

netstat 命令可以用来显示网络状态信息。

① 显示网络接口状态信息对应的命令如下。

```
# netstat -i
```

② 显示所有监控中的服务器的套接字（Socket）和正使用 Socket 的程序信息对应的命令如下。

```
# netstat -lpe
```

③ 显示内核路由表信息对应的命令如下。

```
# netstat -r
# netstat -nr
```

④ 显示 TCP/UDP 的连接状态对应的命令如下。

```
# netstat -t
# netstat -u
```

（6）hostname

可以使用 hostname 命令来更改主机名，具体命令如下。

```
# hostname myhost
```

（7）ARP

地址解析协议（ARP）是用于发现网络层地址（通常是 IPv4 地址）所关联的链路层地址（例如 MAC 地址）的通信协议。

① 查看 ARP 缓存的命令如下。

```
#arp
```

② 添加一个 IP 地址和 MAC 地址的对应记录的命令如下。

```
#arp -s 192.168.33.15 00:60:08:27:CE:B2
```

③ 删除一个 IP 地址和 MAC 地址的对应缓存记录的命令如下。

```
#arp -d 192.168.33.15
```

④ Ubuntu 命令行下的网络设置。除了使用 Linux 命令，大部分的网络接口配置都可以在/etc/network/interfaces 中解决。例如为网卡配置静态 IP、设置路由信息、配置 IP 掩码、设置默认路由等。编辑/etc/network/interface 文件的步骤如下，如果想要在系统启动时就自动启动网口，需要添加 auto。

首先添加 localhost，具体如下。

```
auto lo
iface lo inet loopback
auto eth0
```

如果自动获取 IP，添加 iface eth0 inetdhcp；如果手动设置 IP，需要将最后的状态设置为 static，并添加相关的网关等信息，具体设置如下。

```
iface eth0 inet static
address xxx.xxx.xxx.xxx
netmask xxx.xxx.xxx.xxx
network xxx.xxx.xxx.xxx
boardcast xxx.xxx.xxx.xxx
gateway xxx.xxx.xxx.xxx
```

🔍 4.2 CloudStack UI 设置实验

4.2.1 实验概述

第 3 章搭建好私有云后，本章实验在 CloudStack 云平台上创建云镜像，并且将云镜像所在虚拟机作为节点，在节点开启所需服务，供后期实验使用。

实验目的如下。

（1）了解云镜像。

（2）了解 SSH 协议原理，掌握基本 Linux 的命令，学习使用 SSH 工具登录

CloudStack 云平台，通过云平台提供的用户接口界面完成 CloudStack 设置。

（3）学习在 CloudStack 云平台创建和设置实例，并依托于实例创建模板，供后续批量化创建 Tor 节点。

实验资源如下。

（1）硬件资源：一台计算机。

（2）软件资源：CentOS 7 操作系统，CloudStack 云平台，Ubuntu 16.04 LTS 镜像。

4.2.2　实验步骤

4.2.2.1　CloudStack UI 设置

在本机使用浏览器访问用户自建的网址 http://localhost:8080/client，会显示 CloudStack 登录界面，如图 4.1 所示，默认用户名为 admin，默认密码为 password。

图 4.1　CloudStack 登录界面

Zone 是 CloudStack 中最大的组织实体，添加 Zone 的界面如图 4.2 所示。

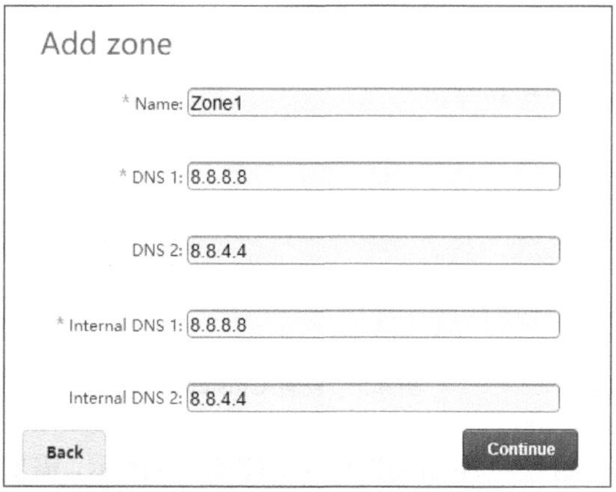

图 4.2　添加 Zone

添加一个 Zone 后，程序提示输入关于 Pod 和访客的信息，主要包括以下参数：名称、网关、网络掩码、开始和结束 IP、访客网关、访客掩码、访客开始和结束 IP，如图 4.3 和图 4.4 所示。

图 4.3　输入 Pod 信息

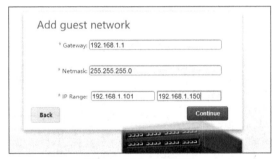

图 4.4　输入访客信息

设置 Cluster，也就是添加用于设置集群的项目，如图 4.5 所示，管理程序选择 KVM，名称可以自定义。

图 4.5　设置 Cluster

程序提示将第一台主机添加到集群中，如图 4.6 所示，需要输入主机 IP 地址、root 用户名及密码。

图 4.6　设置 Host

程序提示输入主存储信息，如图 4.7 所示，选择 NFS 作为存储类型。输入主存储的 IP 地址和文件路径。

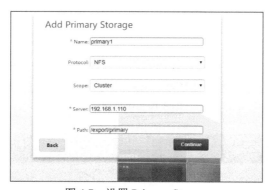

图 4.7　设置 Primary Storage

设置 Secondary Storage，如果这是一个新 Zone，系统会提示用户输入辅助存储信息，包括 NFS 服务器的 IP 地址和文件路径，如图 4.8 所示。

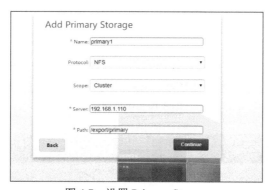

图 4.8　设置 Secondary Storage

完成各项设置后，单击"Launch"按钮启动，如图 4.9 所示。

图 4.9 成功启动

启动后，在 Global Settings 搜索框输入 secstorage.allowed.internal.sites 设置网段，单击编辑按钮，输入允许访问的地址或地址段，如图 4.10 所示，接着进行端口设置，如图 4.11、图 4.12 和图 4.13 所示，设置完成后需要重启 CloudStack 云平台管理进程，命令如下。

```
# service CloudStack-management restart
```

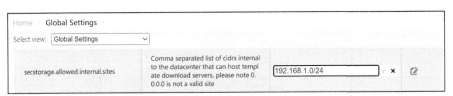

图 4.10 设置网段

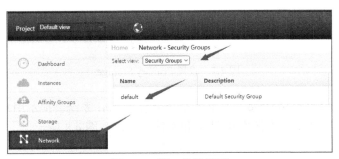

图 4.11 端口设置界面

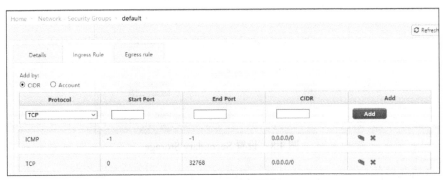

图 4.12 TCP 端口设置

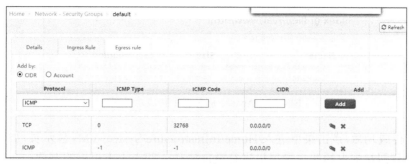

图 4.13　ICMP 端口设置

4.2.2.2　上传镜像

CloudStack 不支持直接上传 ISO 镜像，因此需要安装 Apache 服务器，然后通过 Apache 服务器进行 ISO 镜像上传，命令和配置文件如下，镜像文件与 Apache 服务器上传成功界面如图 4.14 和图 4.15 所示。

```
# yum install httpd
# vi /etc/httpd/conf/httpd.conf
```

取消如下行注释并修改如下内容。

```
ServerName 127.0.0.1:80
```

添加如下内容。

```
AddType text/html .iso
# service httpd start
# service httpd on
```

复制 Ubuntu-14.04.6 的 ISO 文件到/var/www/html 文件夹，命令如下。

```
# scp ubuntu-14.04.6-desktop-amd64.iso /var/www/html
```

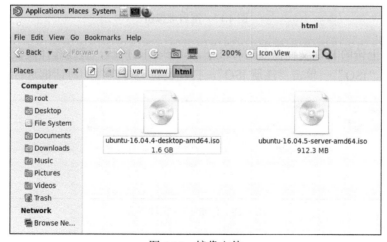

图 4.14　镜像文件

图 4.15　Apache 服务器上传成功界面

上传成功后，点击菜单进入/Home/Infrastructure/System VMs 显示页，如图 4.16 所示。分别对列出的两个虚拟机进行重启操作，即点击虚拟机的名称，在进入的虚拟机信息页中点击重启按钮，如图 4.17 所示。注意：虚拟机名称可能会和图中的不同。

Name	Type	Public IP Address	Host	Zone	VM state	Agent State	Quickview
s-1-VM	Secondary Storage VM	192.168.1.128	srvr1.cloud.priv	Zone1	Running	Up	✚
v-2-VM	Console Proxy VM	192.168.1.134	srvr1.cloud.priv	Zone1	Running	Up	✚

图 4.16　重启 SSVM

图 4.17　重启虚拟机

成功上传的 ISO 文件需要进行注册，如图 4.18 所示，通过选择模板→选择视图：选择"ISO"→单击"注册 ISO"，打开设置 ISO 文件的对话框进行注册。

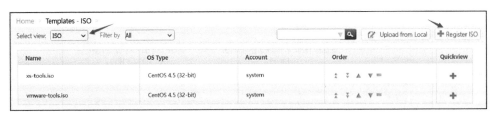

图 4.18　注册 ISO 文件界面

导入 ISO 镜像文件，URL 地址就是 ISO 文件的下载地址，如图 4.19 所示。

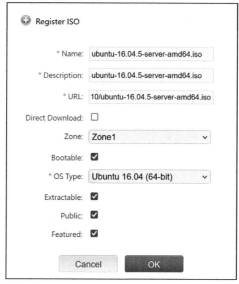

图 4.19　设置 ISO 文件

　　单击"OK"按钮后，可以看到注册成功的提示。此时开始下载 ISO 文件，ISO 文件将被下载到辅助存储空间。下载完成后可以看到新增的镜像文件，如图 4.20 所示。

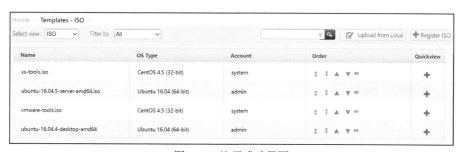

图 4.20　注册成功界面

4.2.2.3　创建实例

选择 Instances 项，开始创建实例，如图 4.21 所示。

图 4.21　创建实例界面

依次选择 Zone1、Pod1、Cluster1、srvr1.cloud.priv 以及 ISO，如图 4.22 所示，单击"Next"按钮。

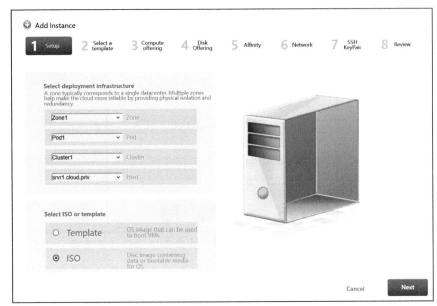

图 4.22　设置界面

选择对应镜像文件后，Hypervisor 选择 KVM，如图 4.23 所示。

图 4.23　设置 KVM

按照具体的需求设置实例的大小，如图 4.24 所示。

图 4.24　设置实例大小

为实例选择 Disk 大小，即分配存储空间，如图 4.25 所示。

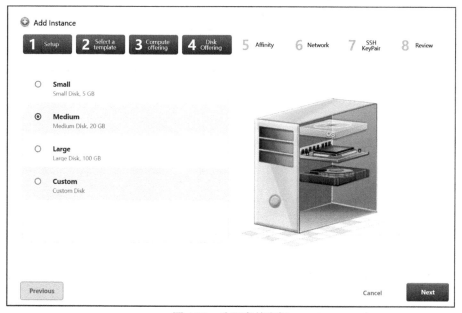

图 4.25　分配存储空间

实例命名后，单击"Launch VM"按钮，完成实例的创建，如图 4.26 所示。

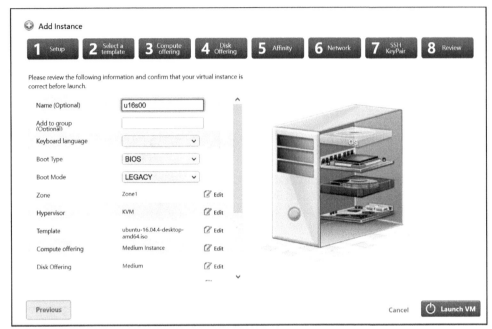

图 4.26　设置完成的 Launch VM

接下来，为创建成功的实例进行系统安装，选择刚刚创建的实例，单击图 4.27 箭头所指图标，打开实例命令行窗口。

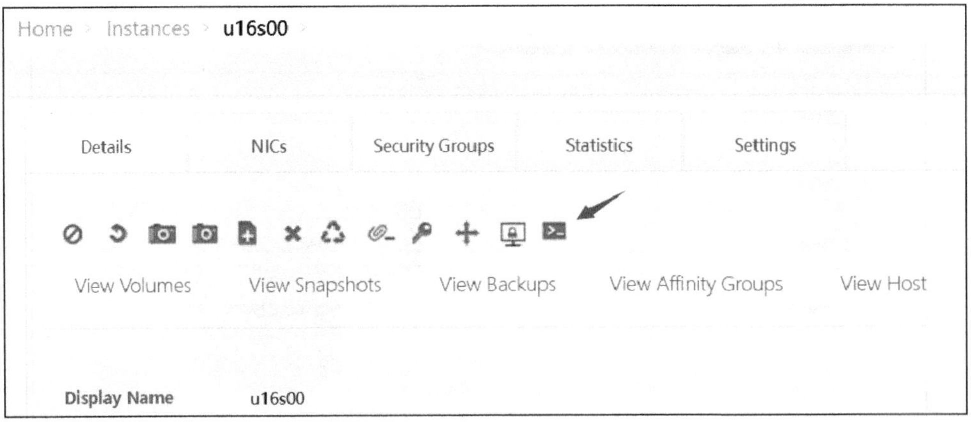

图 4.27　实例界面

Linux 系统安装过程与一般安装过程一样，实例的用户名和密码分别为 os01/admin425b、root/root。

系统安装完成后，detach ISO 如图 4.28 所示。

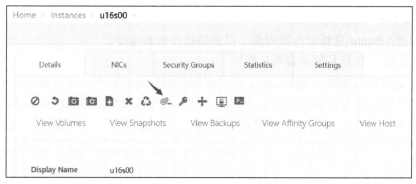

图 4.28　detach ISO

完成安装后的界面如图 4.29 所示。

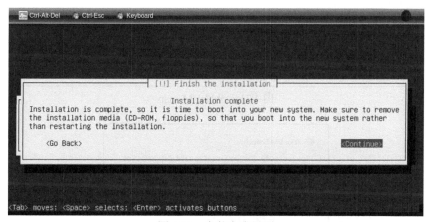

图 4.29　安装完成界面

图 4.30 所示为安装完成后正常的登录界面。

图 4.30　安装成功后正常的登录界面

4.2.2.4 完善实例设置

更改 Ubuntu 更新源为国内源，以提高软件安装速度。

4.2.2.5 创建和使用虚拟机快照

通过虚拟机快照（VM snap）来保存虚拟机的当前状态，在需要时可以通过快照将虚拟机恢复至保存前的状态。通过进入虚拟机详细信息页，点击快照按钮生成虚拟机快照，如图 4.31 和图 4.32 所示。

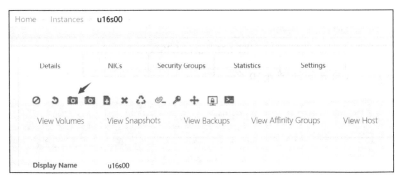

图 4.31 设置 VM snap

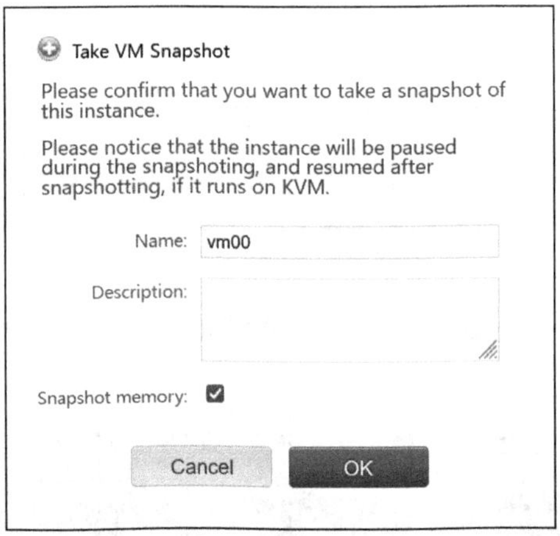

图 4.32 命名 VM snap

使用创建好的 VM 快照进行虚拟机修复，如图 4.33 和图 4.34 所示。

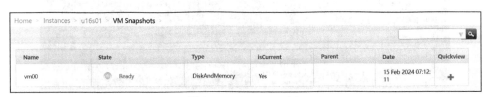

图 4.33 VM snap 列表

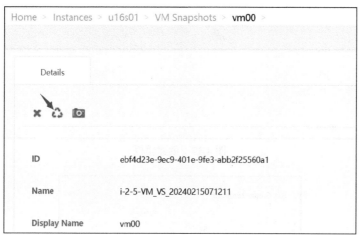

图 4.34 使用 VM snap 修复虚拟机

4.2.2.6 创建并使用虚拟机模板

创建虚拟机模板，首先要停止虚拟机的运行，可以通过进入虚拟机详细信息页，点击停止按钮实现，如图 4.35 所示。

图 4.35 停止 VM

在图 4.36 所示的存储（Storage）界面中找到对应的实例进行设置，进入"查看卷"并选择类型为"ROOT"的卷。

图 4.36 Storage 界面

单击按钮创建模板并进行设置，如图 4.37 和图 4.38 所示。

图 4.37　创建模板

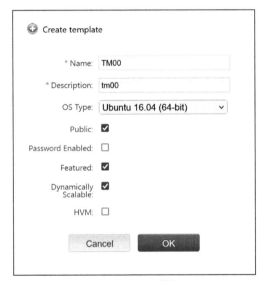

图 4.38　设置模板

模板创建成功，如图 4.39 所示。

Name	Hypervisor	OS Type	Account	Order	Quickview
VM00	KVM	Ubuntu 16.04 (64-bit)	admin	⬆ ⬇ ▲ ▼ ▬	✚
vmtwoc00	KVM	Ubuntu 16.04 (64-bit)	admin	⬆ ⬇ ▲ ▼ ▬	✚
SystemVM Template (KVM)	KVM	Debian GNU/Linux 5.0 (64-bit)	system	⬆ ⬇ ▲ ▼ ▬	✚
CentOS 5.5(64-bit) no GUI (KVM)	KVM	CentOS 5.5 (64-bit)	system	⬆ ⬇ ▲ ▼ ▬	✚

图 4.39　创建成功并生成新的模板

模板创建成功后，在创建新实例的时候就可以选择所创建的模板，如图 4.40 和图 4.41 所示。

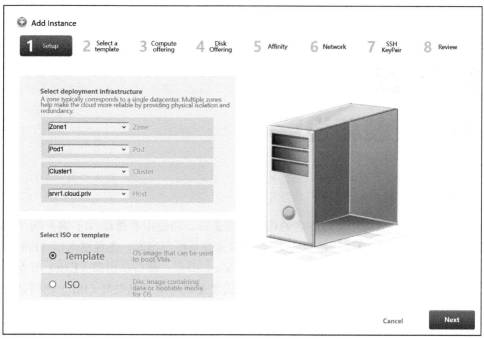

图 4.40　创建新实例

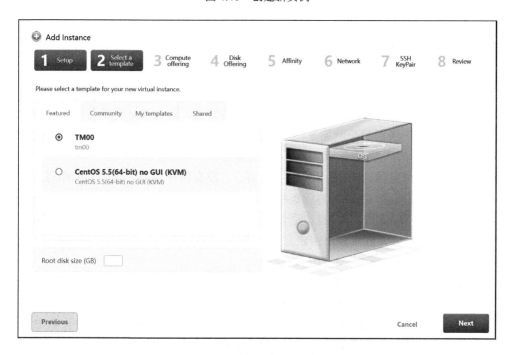

图 4.41　选择所创建的模板

第5章
Tor 安装和设置

　　Tor 是在互联网中实现匿名通信的网络系统。当使用者通过 Tor 客户端（如 Tor 浏览器）连接到互联网时，加密后的流量会从用户出发，先经过入口（Entry）节点进入 Tor 网络，随后发送到中间（Middle）节点，最后从出口（Exit）节点发送明文到达访问目标，这种多级中转的方式使互联网服务提供商（ISP）和网站对用户的跟踪几乎不可能实现。本章将基于 CloudStack 搭建的私有云平台，用 Ubuntu 的节点安装和设置 Tor 网络。

5.1　理论基础

5.1.1　Tor 网络结构

　　匿名网络 Tor 具有结构化、P2P、低时延等特点。因为 Tor 基于互联网并使用多跳代理机制，所以整个网络是网状结构，其由 4 部分组成，分别是洋葱路由器（OR）、客户端的洋葱代理（OP）、目录服务器和应用服务器。

　　（1）洋葱路由器。OR 是 Tor 的中继节点，没有特殊权限，每个 OR 都与其他 OR 保持传输层安全（TLS）协议连接。Tor 默认 3 个 OR 组成链路，分别为 Entry 节点、Middle 节点和 Exit 节点。通常情况下，选用保护（Guard）节点作为 Entry 节点，Guard 节点负责与客户端建立长期连接，防止攻击者跟踪用户的数据流量，比较安全可靠。

　　（2）客户端的洋葱代理。OP 是运行在用户计算机上的程序，OP 用于用户获取节点目录，以便于建立链路，且 OP 将用户数据封装成信元并多层加密（默认三层加密），为其他各类应用程序（基于 TCP 连接，因为 Tor 只提供基于 TCP 的连接）提供匿名代理服务，例如访问各种 Web 网页。

　　（3）目录服务器。目录服务器是 Tor 中十分关键的服务器，其主要功能是向

OP 提供可以获得的 OR 列表及相关参数，以保证有效建立匿名链路。权威目录服务器拥有 Tor 网络中全部节点的信息。

（4）应用服务器。应用服务器是 OP 访问的目的服务器。

匿名通信链路建立过程如图 5.1 所示。Tor 用户想要通过该匿名网络访问应用服务器时，需要通过 OP 从权威目录服务器下载所有 OR 信息。为了保证 OP 和应用服务器不被直接关联起来，OP 选取 Guard 节点、Middle 节点、Exit 节点。OP 首先与 Guard 节点直接构建链路；然后，在 Guard 节点的帮助下与 Middle 节点构建链路，在 Middle 节点的帮助下与 Exit 节点构建链路；最后，在 Exit 节点的帮助下与应用服务器建立连接。

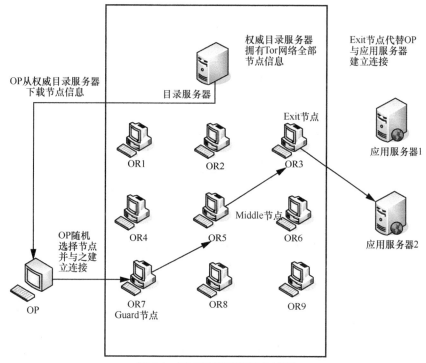

图 5.1　匿名通信链路建立过程

5.1.2　Tor 基础协议

5.1.2.1　Tor 密钥的协商

所有匿名通信系统都离不开密码协议构建块，Tor 也不例外，加解密所使用算法以及相应参数就源自密码学领域，使用了对称密码机制、公钥密码机制、DH（Diffie-Hellman）密钥交换协议、哈希函数等密码学相关知识。Tor 具体设计如下：采用计数模式下的 128 bit 密钥长度的高级加密标准（AES）算法；采用固定指数为 65 537 的 1 024 bit RSA（Rivest，Shamir，Adleman）加密算法，其中，填充机制为 OAEP-MGF1（OAEP-MGF 表示最优非对称加密填充–掩码生成函数），摘要算法为 SHA（Secure Hash Algorithm）-1；采用 DH 密钥交换协议，DH 参数使用固定的生成元和固定的模数。

　　Tor 构建链路的过程伴随着密钥协商的过程。从总体上说，Tor 的密钥协商是使用非对称密钥生成对称密钥的过程，而且协商形成的对称密钥对于 Tor 的数据安全和关系安全都具有重要的意义。链路密钥结构如图 5.2 所示。

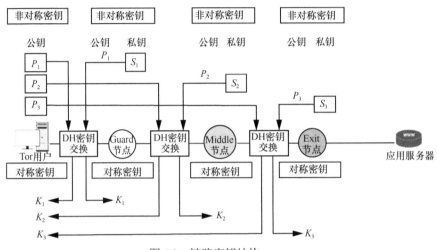

图 5.2　链路密钥结构

　　Tor 网络中，每个 OR 都拥有一个非对称密钥的密钥对，包含公钥和私钥，当 Tor 用户通过 OP 选择 OR 时就会获取相应的公钥。

　　首先，Tor 用户和 Guard 节点之间使用公钥、私钥和 DH 密钥交换协议协商共享的对称密钥 K_1，密钥协商完成后二者之间就建立了链路，Tor 用户和 Guard 节点之后的通信数据全都使用 K_1 加密。

　　在此基础上，Tor 用户通过 Guard 节点与 Middle 节点协商对称密钥 K_2 并构建链路，实际上在这个过程中使用的不仅仅是 Middle 节点的公钥和私钥，还有 Tor 用户与 Guard 节点协商的对称密钥 K_1，因为 Tor 用户与 Guard 节点之间的通信数据都需要被 K_1 加密。

　　同理，Tor 用户与 Exit 节点协商对称密钥 K_3 的时候需要用到 Exit 节点的公钥、私钥以及前两步协商好的对称密钥 K_1、K_2。

　　至此，Tor 用户的链路构建完成，并且生成了接下来通信时需要用到的对称密钥。当 Tor 用户想要连接应用服务器时会将连接请求使用对称密钥 K_3、K_2、K_1 依次进行多层加密，并由 Exit 节点与应用服务器建立连接，并将解密后的请求发送给应用服务器。

以 Middle 节点为例,在建立链路的过程中 Guard 节点代替 Tor 用户与 Middle 节点建立连接,因此 Middle 节点并不知道 Tor 用户是谁,而当 Tor 用户想要与应用服务器建立连接时虽然数据需要经过 Middle 节点才能到达 Exit 节点,但是由于数据经过多层加密,只有 Exit 节点知道应用服务器。因此 Middle 节点只能知道 Guard 节点和 Exit 节点,而无法知道 Tor 用户和应用服务器,Tor 正是通过这种方法保证了每个 OR 只能知晓自己的前驱 OR 和后继 OR,而无法关联整条链路。

5.1.2.2　Tor 的传输单元生成过程

由于是发送数据,数据在协议栈中是由应用层向数据链路层流动的,也就是从上到下流动。

传输单元生成过程如图 5.3 所示。首先用户的浏览器生成 HTTP 报文,Tor 在应用层接收 HTTP 报文,使用与链路上的节点协商的对称密钥(也就是 K_1、K_2、K_3)多层加密 HTTP 报文,并添加入口节点的头部,形成 Tor 的传输单元。然后,Tor 将传输单元整体使用 TLS 协议进行加密,并添加 TLS 协议相关字段,并将其交付给传输层。传输层增加报文段头部并将报文段交付网络层。网络层增加了 IP 报文的头部,并将其交付给数据链路层。这就是匿名数据在协议栈的生成过程。

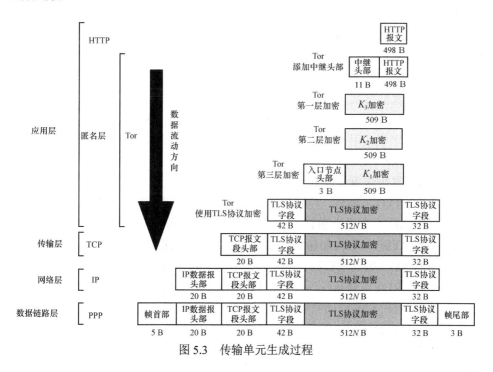

图 5.3　传输单元生成过程

5.1.2.3　Tor 数据传送单元的格式

在 Tor 系统中，数据单元可以分为两类，即定长数据传送单元和不定长数据传送单元。Tor 数据传送单元的格式如图 5.4 所示。

CirID 2 B	CMD 1 B	DATA 509 B

（a）定长数据传送单元

CirID 2 B	CMD 1 B	Len 2 B	Payload 由Len 取值控制

（b）不定长数据传送单元

图 5.4　Tor 数据传送单元的格式

定长数据传送单元为 512 B，不定长数据传送单元长度有特定的说明，接下来一一说明图 5.4 中各字段的定义。

CirID 为 Tor 网络中每一条链路的特定标识，在定长和不定长数据传送单元中用于对 Circuit 的标识，占 2 B。

CMD 表示每一个数据传送单元的作用，不同功能的传送单元 CMD 字段不同，占 1 B。

DATA 为定长数据传送单元的数据段，占 509 B，主要用于控制链路等相关操作。

Len 为不定长数据传送单元的长度标记位，占 2 B。

Payload 为不定长数据传送单元的负载数据字段，由 Len 的取值控制，从而也决定了整体数据传送单元的长度，其中，负载数据一般用于协议过程中的数据传输。

接下来，我们分别列出定长数据传送单元和不定长数据传送单元的数据指令域。从数据指令域的内容可以十分容易地发现两种不同数据传送单元的具体功能，即定长数据传送单元用于控制链路数据的传输，而不定长数据传送单元用于数据包传输，数据指令域的数据值如下。

- 定长数据传送单元

0 -- PADDING（填充；控制数据包指令中，用于声明链路可用）。

1 -- CREATE（创建一条链路；用于控制数据包指令）。

2 -- CREATED（确认创建成功；用于控制数据包指令）。

3 -- RELAY（端到端数据；用于转发数据包指令）。

4 -- DESTROY（停止使用链路；用于控制数据包指令）。

5 -- CREATE_FAST（创建一条链路）。

6 -- CREATED_FAST（确认创建成功）。

8 -- NETINFO（时间和地址信息）。

9 -- RELAY_EARLY（端到端数据；用于转发数据包指令）。

10 -- CREATE2（扩展 CREATE 单元格）。

11 -- CREATED2（扩展 CREATED 单元格）。

- 不定长数据传送单元

7 -- VERSIONS（协商协议版本）

128 -- VPADDING（可变长度填充）

129 -- CERTS（证书）

130 -- AUTH_CHALLENGE（挑战数值）

131 -- AUTHENTICATE（客户端验证）

132 -- AUTHORIZE（客户授权）

数据传送单元除了上面定长和不定长的划分方法外，定长数据传送单元还因为命令类型的不同，可以明确划分为控制单元和中继单元，具体如图 5.5 所示。

CirID 2 B	CMD 1 B	DATA 509 B

（a）控制单元

CirID 2 B	CMD 1 B	RelayCMD 1 B	Recognized 2 B	StreamID 2 B	Intergrity 4 B	Length 2 B	DATA 498 B

（b）中继单元

图 5.5　控制单元和中继单元

按照控制单元和中继单元的划分方法，图 5.5 中各字段的定义如下。

CirID 用于 Tor 网络中每一条链路的特定标识，在定长和不定长数据传送单元中都表示对链路的唯一标识，占 2 B。

CMD 表示每一个数据传送单元的作用，作用不同 CMD 字段就不同，占 1 B。

DATA 表示数据传输单元的负载数据，控制单元和中继单元长度不同，分别为 509 B 和 498 B。

RelayCMD 为中继单元的通用控制指令，指定特定的中继命令，占 1 B。

Recognized 用于指定中继单元由某个 OR 接收，占 2 B。

StreamID 表示中继单元中的数据流的唯一标识，占 2 B。

Intergrity 为中继单元中数据流端到端验证的校验和，占 4 B。

Length 表示中继单元中的实际负载数据的长度，占 2 B。

其中，转发数据包的 RelayCMD 的数值与含义如下。

1 -- RELAY_BEGIN（指令只能由链路发起者发送，用于打开一个应用数据流）。

2 -- RELAY_DATA（指令由链路发起者发送或由链路中的节点发送回链路发起者，用于传送应用数据）。

3 -- RELAY_END（指令由链路发起者发送或由链路中的节点发送回链路发起者，用于彻底关闭一个应用数据流）。

4 -- RELAY_CONNECTED（只能由链路中的节点发送回链路发起者，一个应用数据流已经打开）。

5 -- RELAY_SENDME（指令由链路发起者发送或由链路中的节点发送回链路发起者，用于流量控制）。

6 -- RELAY_EXTEND（用于将链路进行一跳的拓展）。

7 -- RELAY_EXTENDED（指令只能由链路中的节点发送回链路发起者，用于将链路进行一跳的拓展）。

8 -- RELAY_TRUNCATE（指令只能由链路发起者发送，用于将链路进行截断处理；也用于链路错误消息响应）。

9 -- RELAY_TRUNCATED（指令只能由链路中的节点发送回链路发起者，用于将链路进行截断处理，也用于链路错误消息响应）。

10 -- RELAY_DROP（指令由链路发起者发送或由链路中的节点发送回链路发起者，用于链路相关控制）。

11 -- RELAY_RESOLVE（指令只能由链路发起者发送）。

12 -- RELAY_RESOLVED（指令只能由链路中的节点发送回链路发起者）。

13 -- RELAY_BEGIN_DIR（指令只能由链路发起者发送，用于开启到目录服务器的数据链路）。

14 -- RELAY_EXTEND2（指令只能由链路发起者发送，用于将链路进行一跳的拓展）。

15 -- RELAY_EXTENDED2（指令只能由链路中的节点发送回链路发起者，用于链路相关控制）。

5.1.2.4 链路与流的相关细节

在第一代洋葱路由技术中，OR 之间采用单一 TCP 流占用单一链路，由于公钥加密和网络时延，构建链路极为耗时，可能需要零点几秒。对于 Web 浏览器等应用程序，可能同时有多条 TCP 流交互，就意味着有多条 TCP 流来自同一个 OP 却占用不同链路，这就造成了很严重的网络资源浪费。

在 Tor 网络中，每段链路（例如 OR_1—OR_2）可能不只有一条 TCP 流，而是同时有多条 TCP 流共用，Tor 协议上是认同的。因此从资源利用率来讲，这比单一 TCP 流占用单一链路的利用率高了很多，从而构建链路的选择就多了许多，不需要考虑当前链路是否被占用的情况。进一步而言，用户选择的机会增加，构建链路或者选择新的链路的时间缩短，提高了网络资源的利用率。

为了降低时延，用户会抢先构建一条链路。用户的 OP 定期构建新链路（如果使用了之前的链路），这样可以有效避免其流之间的可链接性，并且之前使用过的链路会被定义为废弃，不再对任何其他数据流开放。OP 会考虑每一分钟转换一次新的链路，因此，即使流量数据多的用户要花费的时间也可以忽略。此外，由于链路是在后台创建的，因此 OP 也可以将废弃的链路恢复，不会损害用户体验。Tor 链路与流的建立过程如图 5.6 所示。

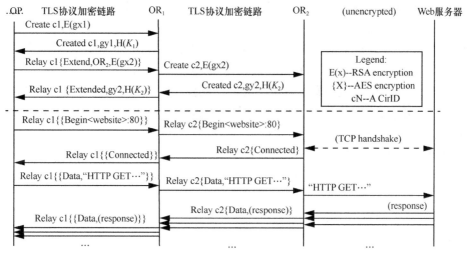

图 5.6　Tor 链路与流的建立过程

1. OP 和 OR1 构建链路的过程

Tor 网络中，每个 OR 都拥有一个非对称密钥对，包含公钥和私钥，当 Tor 用户选择它们作为节点时就会获取到它们的公钥。

首先，OP 会从目录服务器上下载当前网络所有 OR 的目录信息，并且随机选择符合自己的链路，即挑选 3 个节点，并且获取其信息。

在 OP 向 OR_1 发送控制单元时，会选择一个新的链路 ID（即 CirID），而 OR_1 会用 OP 私钥解密的 gx 与得到的 DH 密钥交换协议的后半部分 gy 进行组合，形成共享的对称密钥 K_1，OR_1 形成 K_1 后会向 OP 返回携带 K_1 信息的控制单元。

OR_1 向 OP 返回携带 K_1 信息的控制单元后，就了解到 OR_1 确认了链路的创建，确认从控制单元中取出 K_1 后，则第一跳的链路就构建完成，二者之后的通信数据全都使用 K_1 加密。

2. OP-OR_1 和 OR_2 构建链路的过程

OP-OR_1 和 OR_2 链路的构建过程需要 OR_1 的辅助，即第一跳的链路必须成功建立。

首先，OP 向 OR_1 发送转发信息，其信息附带转发标记 relay，relay 中包含 OP 想要向 OR_2 发送的必要信息，用以构建与 OR_2 的链路。其发送的负载消息在 OP-OR_1 链路建立的情况下需要进行 K_1 加密。

接着，当 OR_1 收到 OP 发来的消息后，首先判定消息属性，如果是 relay，即需要进行转发，则使用协商好的 K_1 进行解密负载信息。接下来，向 OR_2 进行转发，选出一个新的 CirID，使用 K_1 解密后的负载信息并设置指令为创建链路，向 OR_2 发送控制单元。

OR_2 收到控制单元后，先读取指令（创建链路），了解到 OR_1 的意图后，会用私钥解密得到的 gx 和 OR_2 根据相应算法得到 DH 密钥交换协议的后半部分 gy，而后将 gx 和 gy 组成对称密钥 K_2。OR_2 再开始构建返回给 OR_1 的控制单元信息，即设置 OR_1 设定的新的 CirID，表示成功创建链路，并返回生成的 K_2。

OR_1 收到 OR_2 创建链路成功的消息后，就会开始构建返回给 OP 的消息，通知 OP 和 OR_2 与之创建的 CirID、K_2 以及用于验证 K_2 准确性的信息，并且使用协商好的 K_1 加密，然后向 OP 进行发送。

OP 接收并解密 OR_1 与 OR_2 创建链路成功的消息后，进一步确认 K_2。确认了 K_2 的正确性后，OP-OR_1 与 OR_2 之间的链路就成功建立了，二者以后发送消息时就会使用 K_1 和 K_2 进行多层加密。

后面 OP 与 OR_3 的构建链路过程基本类似，即通过 OR_1-OR_2 这两跳构建链路，此处不再赘述。

当 Tor 用户想要连接 Web 服务器时会将请求使用对称密钥 K_3、K_2、K_1 依次进行多层加密，并由出口节点与 Web 服务器建立连接，并将解密后的请求发送给 Web 服务器。

5.1.3　Tor 相关设置

5.1.3.1　Tor 设置文件与设置手册

Tor 设置文件可以控制 Tor 软件的行为，Tor 开始运行时会读取设置文件中的设置项，并根据设置项采取相应的行动。对于 Linux 平台使用包管理工具安装的 Tor，其设置文件的路径一般是/etc/Tor/Torrc。修改该文件需要 root 用户。Torrc 的文件构成非常简单，是一系列不分前后的设置项的组合。设置项对大小写不敏感，只需要正确写出设置项的名字及其参数即可完成设置。行头为"#"表示这条设置被注释掉了。

Tor 设置手册即 Tor manual，是 Tor 官方为设置 Tor 而构建的帮助文档，设置的对象是 Tor 的设置文件 Torrc。文档的主要内容包括 Tor 的命令行操作、Tor 设置文件的格式介绍、Tor 设置文件中的通用设置项、针对洋葱代理的设置项、针对洋葱路由器的设置项、针对目录服务器的设置项、针对权威目录服务器的设置项、针对隐藏服务的设置项、减轻拒绝服务（DoS）攻击的设置项、运行测试网络的设置项、Tor 重要文件的介绍。具体的设置手册可见 Torproject 的官方网址。

5.1.3.2　Tor 文件及文件夹简介

除了设置文件所在的目录，Tor 还有以下两个非常重要的数据目录：第一个是存储洋葱代理、洋葱路由器、权威目录服务器的共识信息、描述文件、投票文件、密钥文件等重要文件的 DataDirectory；第二个是隐藏服务的文件夹 HiddenServiceDirectory，存储隐藏服务的域名、公钥、私钥等重要文件。

默认的 DataDirectory 位于/var/lib/Tor，其中比较重要的文件和文件夹如下。

（1）cached-certs：文件的内容是权威目录服务器的公钥，用于验证权威目录服务器发布的共识文件的签名，以判断共识文件是否被改动过。

（2）cached-consensus 或 cached-microdesc-consensus：目前已经下载的共识文件，其内容是网络中全部或部分节点的信息，包括昵称、IP 地址、带宽大小、运行时间、节点标志等重要的信息。

（3）cached-descriptors 或 cached-descriptors.new：内容为洋葱路由器上传给权威目录服务器的描述文件，描述文件的内容为路由器昵称、IP 地址、洋葱端口、目录端口、洋葱公钥、身份公钥、退出策略、联系方式等一切可以公布的节点信息。

（4）cached-routers：cached-descriptors 和 cached-descriptors.new 的完整版本。

（5）state：一系列键值对，如当前入口节点及其状态等。

（6）lock：防止两个 Tor 的实例使用同一个 DataDirectory，如果 lock 文件被锁定说明已经有一个 Tor 在运行。

（7）v3-status-votes：权威目录服务器的专用文件，其包含全部权威目录服务器发来的网络状态投票。

（8）keys：该文件夹存储洋葱路由的全部密钥。

（9）keys/authority_identity_key：v3 权威目录服务器的主身份密钥，用于验证自己的签名密钥。Tor 运行时不会使用这个密钥，只有 Tor 用 tor-gencert 产生其他密钥时会使用这一密钥，这个密钥必须被离线保存。

（10）keys/authority_certificate：一个 v3 权威目录服务器的证书，用于验证 v3 权威目录服务器的投票文件和共识文件。

（11）keys/authority_signing_key：权威目录服务器用于签署投票文件和共识文件的密钥。

（12）keys/secret_id_key：洋葱路由器的 RSA1024 永久身份密钥，包含公钥部分和私钥部分，用于签署路由器的描述，以及生成其他密钥。

（13）keys/ed25519_master_id_public_key：中继节点 Ed25519 永久身份密钥的公钥部分。

（14）keys/ed25519_master_id_secret_key：中继节点 Ed25519 永久身份密钥的私钥部分，用于签署中期 Ed25519 签名密钥，该密钥可以被离线或者加密存储，必须使用命令行 Tor -keygen 来产生密钥。

（15）keys/ed25519_signing_secret_key：中继节点的中期 Ed25519 签名密钥的公钥和私钥部分，这个密钥由 ed25519_master_id_secret_key 签署，用于签署洋葱路由器描述。

（16）keys/ed25519_signing_cert：该 cert 用来验证签名密钥 keys/ed25519_signing_secret_key 是不是被 ed25519_master_id_secret_key 签署的。

（17）keys/secret_onion_key：中继节点的 RSA1204 短期洋葱密钥，用于处理洋葱代理建立连接的请求。

（18）keys/secret_onion_key_ntor：中继节点的 Curve25519 短期洋葱密钥，用于处理洋葱代理建立连接的请求。

（19）fingerprint：只有洋葱路由器使用，是服务器身份密钥的指纹，即服务器身份密钥的哈希值。

（20）hashed-fingerprint：服务器身份密钥的哈希值。

Tor 没有为隐藏服务提供默认的文件夹，因此我们可以根据需要来选择，文件夹存储以下重要的文件。

（1）hostname：隐藏服务的.onion 域名，前缀一般有 16 个字符。

（2）private_key：隐藏服务的私钥。

（3）client_key：可以访问隐藏服务的客户端应该持有的认证数据。

5.1.3.3　洋葱代理设置

洋葱代理需要完成的工作是与权威目录服务器通信，获取目录信息，然后与中继节点沟通构建链路，最后为浏览器、SSH 等应用程序做代理，因此，洋葱代理的设置项较少。根据上述需求，需要对设置文件进行如下设置。

（1）设置权威目录服务器。Tor 的权威目录服务器固化在 Tor 的源代码中，如果不进行设置，洋葱代理就会从默认的权威目录服务器获取共识文件，而后构建链路。但是，私有 Tor 网络中的节点与外网的 Tor 网络中的节点有很大的区别，二者不能通用，因此需要把权威目录服务器改为私有网络中的权威目录服务器。

私有网络中权威目录服务器的设置格式为：

```
DirAuthority [nickname] [flags] ipv4address:port fingerprint
```

在 Torrc 中需要至少设置两个权威目录服务器，对应的代码如下。

```
①dirauthority audir03 v3ident=0C2A5801A0D287DB307220E68A0AD55AFD
6F8D69 192.168.199.200:9047 84FA64C449C9595D5DCAE997781CD9B5E5FC9259
②dirauthority dirau01 v3ident=F336AD13F2E2FBE93A399D705EDD21105F
904682 192.168.199.170:9047 604B607F4197ABC2132188BEB2EB6D66A997A576
```

（2）设置测试网络。对于测试网络环境，如果投票间隔时间太长就不容易观察到整个网络的运行过程，因此需要将 TestingTorNetwork 设置为 1，这样就可以减少权威目录服务器之间的投票间隔。

（3）设置 SOCKS 代理。由于 Tor 需要为浏览器做代理，因此 Tor 需要开启 SOCKS 端口以接收来自应用程序的连接请求。Tor 默认的 SOCKS 端口是 9050，一般使用默认值。

5.1.3.4　中继节点设置

中继节点首先需要上传自身的描述给权威目录服务器，其次需要处理洋葱代理以及其他洋葱路由器发来的构建链路的请求，如果作为目录缓存，则有可能需要从权威目录服务器下载共识文件，而后响应洋葱代理及其他洋葱路由器发来的目录请求。依据上述需求，中继节点需要进行以下设置。

（1）设置权威目录服务器。与洋葱代理类似，中继节点也需要设置权威目录服务器，以获取整体的网络状态。因此权威目录服务器设置与洋葱代理的一致。

（2）设置昵称。nicknameexitrelay126（可以任意设置）。

（3）发布描述。将 publishserverdescriptor 设为 1，这样中继节点才会向权威目录服务器发布含有自身信息的描述。

（4）设置洋葱路由器端口。洋葱路由器端口用于接收其他洋葱路由器或者洋葱代理发来的连接请求，该端口会对外发布，可以任意设置，如 ORPort9046。

（5）设置 IP 地址。运行中继节点的计算机的 IP 地址，需要对外发布，以便其他洋葱路由器和洋葱代理可以找到本中继节点的位置。

（6）设置目录端口。中继节点会在本端口提供目录服务，即共识文件的下载，可以任意设置，例如 DIRPort 9047。

（7）设置目录缓存。设为 1 则具有目录缓存功能，即本中继节点从权威目录服务器下载共识文件和其他节点的 descriptors，然后供其他中继节点和洋葱代理下载，形式为 dircache1。

（8）设置测试网络。与洋葱代理的设置项一致，同处于测试性网络中，因此要设 TestingTorNetwork 为 1，以缩短投票等的时间长度。

（9）设置联系信息。洋葱路由的根基在于志愿者，如果志愿者运营的中继节点出现了故障，则只能由志愿者维修，因此设置联系信息可以实现与志愿者及时沟通，排除故障。一般可以任意设置。

（10）设置是否作为退出节点。如果设置为出口节点，表示允许流量通过本中继节点退出网络，则本项应该设置为 exitrelay 1；如果只允许作为入口节点或者中间节点，则该项应该设置为 exitrelay 0。

（11）设置退出政策。如果作为退出节点，则应该设置退出节点可以连接到什么 IP 地址、什么端口，拒绝连接到什么 IP 地址、什么端口。例如，如果允许连接到所有的 IP 地址以及端口，则退出政策为 exitpolicy accept *:*；如果只作为入口节点或者中间节点，则退出政策应该是拒绝所有对外的连接，退出政策为

exitpolicy reject *:*。

如果完成 Tor 的设置文件后立即运行，Tor 一般会出错，原因是 Tor 设置了 ORPort 和 DIRPort，二者都需要为外界提供服务，而 CentOS 7 的防火墙会默认阻止，因此需要在命令行中输入下列命令：`semanage port -a -t tor_port_t -p tcp 9046/9047`（假设 ORPort 和 DIRPort 为 9 046/9 047）完成设置后就可以运行 Tor。

5.1.3.5　权威目录服务器设置

权威目录服务器的作用包括：接收中继节点发来的描述信息，并将其与自身对网络的观点相结合，最终形成签名的投票文件；广播投票信息，二次广播投票信息，计算共识文件，发布共识文件；接收洋葱代理、洋葱路由器发来的目录请求，并返回目录信息。根据上述需求，需要对设置文件进行相应更改。

（1）作为权威目录服务器：需要将参数 authoritativedirectory 设为 1，则证明该目录服务器为权威目录服务器。

（2）v3 权威目录服务器：参数 v3authoritativedirectory 设为 1，则证明是第三版本权威目录服务器。

（3）权威目录服务器的其他设置项都与中继节点一致，在此不做赘述。

如果修改完权威目录服务器的设置文件后立即运行则会出错，原因是权威目录服务器的 authority identity key 无法自动生成，只能通过手动生成。首先需要在命令行中进入/var/lib/Tor/keys/，然后在命令行中输入 tor-gencert--create_authoritative_identity_key，最后输入任意密码并确认密码，此时在/var/lib/Tor/keys/文件夹下就生成了 3 个文件，分别是 authority_identity_key、authority_certificate、authority_signing_key，此时运行权威目录服务器即可成功。

5.1.3.6　运行私有 Tor 网络

使用包安装工具（如 yum、apt-get 等）和通过源码安装的 Tor 都可以使用 systemctl 来管理和控制 Tor 的进程，常见的用来管理 Tor 的运行 systemctl 命令（如 start、stop、restart、status 等）需要使用 sudo 执行，以获得足够的权限来控制 Tor 进程，具体命令如下。

```
打开 Tor: sudo systemctl start tor
关闭 Tor: sudo systemctl stop tor
重启 Tor: sudo systemctl restart tor
查询 Tor 的状态: sudo systemctl status tor
```

私有 Tor 网络的运行过程中，根据 Tor 的协议设计，只要节点之间互相可达，就可以相互沟通协调。例如，权威目录服务器之间如果相互可达，则会相互协商投票时间，产生当前网络的共识文件。如果权威目录服务器和中继节点之间互相可达，则中继节点可以向权威目录服务器发送自身的描述文件，也可以从权威目录服务器获取当前网络的共识文件。在搭建私有 Tor 网络的过程中，为了尽可能节约硬件资源，可以让一个 Tor 的程序充当多个角色，例如一个权威目录服务器既可以是中继节点也可以是洋葱代理，一个中继节点既可以是目录缓存也可以是洋葱代理，一个洋葱代理也可以运行隐藏服务。只需要对所有的角色运行 service tor start 即可启动私有 Tor 网络。

5.2　Tor 安装与设置实验

5.2.1　实验概述

本节进一步讲解 Linux 操作命令，利用 CloudStack 云构造私有 Tor 网络。具体内容包括在云虚拟节点上编译 Tor 源代码，使用 6 台虚拟节点构造 Tor 网络，其中包含一个客户端、3 个 Tor 目录服务器、两个 Tor 中继节点；使用 Tor 网络访问门户网站，为后期流量识别实验的数据采集做准备。

实验目的如下。

（1）理解 Tor 的工作原理和基础协议。

（2）学习使用 Tor 访问网站。

（3）利用 CloudStack 云搭建私有 Tor 网络。

实验资源如下。

（1）搭建完毕且可进行操作的 CloudStack 云平台。

（2）在云平台上 Ubuntu 16.04 LTS 镜像创建的模板和 tor-0.4.0.5 等文件。

5.2.2　实验步骤

5.2.2.1　Tor 的编译和安装

（1）环境准备

编译安装前需要的环境准备如下。

```
#sudo apt-get install libevent-dev libssl-dev zlib1g libpcre3
libpcre3-dev zlib1g-dev  build-essential autoconf
```

（2）编译安装 Tor

CentOS 7 的软件源较陈旧，因此应使用源码安装方式安装最新版的 Tor。首先，在 Tor 官网下载源码；然后，使用 Xftp 传输到云平台的实例中。不同版本的 Tor 操作略有不同，本书以 tor-0.4.3.6 版本为例，命令如下。

```
# sudo apt-get install -y libtool
# sudo apt-get install -y asciidoc
# tar -zxvf tor-0.4.3.6.tar.gz
# cd tor-0.4.3.6
```

```
# ./configure
# make
# sudo make install
```

（3）设置目录

设置目录，命令如下。

```
# sudo mkdir -p /var/lib/tor/keys
# sudo mkdir -p /var/log/tor
# sudo chown os01.os01 /var/lib/tor -R
# sudo chown os01 /var/log/tor -R
```

（4）保存为新的模板，使用新的模板创建多个实例

此处我们需要分别为 3 个权威目录服务器、两个中继节点和一个客户端保存新的模板，以供后期创建多个实例。

5.2.2.2　设置 Tor

（1）目录生成 fingerprint 及 keys 中的其他文件

此处以 IP 为 192.168.1.51 为例进行说明。使用命令 cd/var/lib/tor/keys 进入 Tor 的密钥目录；使用命令 tor-gencert--create-identity-key 生成新的身份密钥，用于签署 Tor 授权证书，并设置其密码为"user@123"。命令如下。

```
#cd/var/lib/tor/keys
#tor-gencert --create-identity-key
```

在命令行窗口中执行 tor-gencert--create-identity-key 命令时，会提示输入密码以保护生成的密钥文件。为了保护密码安全性，在输入密码时屏幕上不会显示，输入完成后按 enter 键。输入密码后，需要再次输入密码以确认，如果两次输入的密码匹配，tor-gencert 工具将会生成并写入密钥文件，并使用该密钥对生成和签名 Tor 认证证书。

接下来，使用--list-fingerprint 指定生成指纹的命令，指纹可以方便地验证身份密钥的正确性，并且通常比密钥本身更容易传输和存储；使用--orport 指定接收其他节点和用户的连接的端口；使用--dirserver 指定目标目录服务器的信息；使用--datadirectory 指定存储 Tor 的各种配置文件和数据路径。命令如下。

```
#tor --list-fingerprint --orport 9047 \ --dirserver "AX02 192.168.
1.51:9047 fffffffffffffffffffffffffffffffffffffffff" \ --DataDirectory
/var/lib/tor/
```

使用命令 cat/var/lib/tor/keys/authority_certificate | grep fingerprint 可以提取指纹信息。具体来说，authority_certificate 文件包含了权威目录服务器的证书，证书包括该服务器的公钥、签名和指纹等信息。也可以使用命令 cat/var/lib/tor/fingerprint 查看指纹信息。命令如下。

```
#cat /var/lib/tor/keys/authority_certificate |grep fingerprint
```

```
#cat /var/lib/tor/fingerprint
```

依次使用上述命令生成和保存 3 个权威目录服务器的信息。每个权威目录服务器都有名称（如 AX02）、IP 地址和端口号（如 192.168.1.51:9047），以及证书指纹表示权威的证书的唯一标识（如 v3 指纹 4680E27401462B523C752C9E58A01AA1511FA568 和 Ed25519 指纹 11070E248BFD302E81CA8987BC74D102E59211F3）。

生成并保存 3 个权威目录服务器到设置文件中，语法如下。

```
    dirauthority AX01 v3ident= 50286317237EEE615D1519ED170C604F82C10
1D3 192.168.1.81:9047 9E2068C662CBFD531006716546700C7BD73DDCAB
    dirauthority AX02 v3ident= 4680E27401462B523C752C9E58A01AA1511FA
568 192.168.1.108:9047 11070E248BFD302E81CA8987BC74D102E59211F3
    dirauthority AX03 v3ident= 5954A281E82FD788FBB8BAE4D2B529BFA472F
2B0 192.168.1.51:9047 D0BCB24DE6EFB3BB76232EDB3398D00562BA07B4
```

修改文件夹权限，命令如下。

```
# sudo chmod 777 /var/lib/tor/keys/
# sudo chmod 666 /var/lib/tor/keys/*
```

（2）设置权威目录服务器

设置节点的实质就是修改设置文件，使用 vi 编辑器修改设置文件，命令如下。

```
#sudo vi /usr/local/etc/tor/torrc
```

此处以 IP 为 192.168.1.81 的权威目录服务器为例，设置文件如下。

```
nickname AX01
address 192.168.1.81
ORPort9046
DIRPort 9047
authoritativedirectory 1
v3authoritativedirectory 1
contactinfo 251018624@qq.com
TestingTorNetwork 1
publishserverdescriptor 1
    dirauthority AX01 v3ident=50286317237EEE615D1519ED170C604F82C101
D3 192.168.1.81:9047 9E2068C662CBFD531006716546700C7BD73DDCAB
    dirauthority AX02 v3ident=4680E27401462B523C752C9E58A01AA1511FA5
68 192.168.1.108:9047 11070E248BFD302E81CA8987BC74D102E59211F3
    dirauthority AX03 v3ident=5954A281E82FD788FBB8BAE4D2B529BFA472F2
B0 192.168.1.51:9047 D0BCB24DE6EFB3BB76232EDB3398D00562BA07B4
assumereachable 1
pathsneededtobuildcircuits 0.25
serverdnssearchdomains 1
DataDirectory /var/lib/tor
```

```
Log notice file /var/log/tor/notice.log
Log info file /var/log/tor/info.log
Log debug file /var/log/tor/debug.log
RunAsDaemon 1
ControlPort 9051
CookieAuthentication 1
```

（3）设置中继节点

设置节点的实质就是修改设置文件，使用 vi 编辑器修改设置文件，命令如下。

```
#sudo vi /usr/local/etc/tor/torrc
```

在此以 IP 为 192.168.1.61 的权威目录服务器为例，设置文件如下。

```
dirauthority AX01 v3ident=50286317237EEE615D1519ED170C604F82C101
D3 192.168.1.81:9047 9E2068C662CBFD531006716546700C7BD73DDCAB
dirauthority AX02 v3ident=4680E27401462B523C752C9E58A01AA1511FA5
68 192.168.1.108:9047 11070E248BFD302E81CA8987BC74D102E59211F3
dirauthority AX03 v3ident=5954A281E82FD788FBB8BAE4D2B529BFA472F2
B0 192.168.1.51:9047 D0BCB24DE6EFB3BB76232EDB3398D00562BA07B4
socksPort 9050
DIRPort 9047
dircache 1
TestingTorNetwork 1
assumereachable 1
serverdnssearchdomains 1
connlimit 32
Nickname RX01
Exitpolicy accept *:*
ExitRelay 1
PublishServerDescriptor 1
ORport 9046
contactinfo 251018624@qq.com
address 192.168.1.61
DataDirectory /var/lib/tor
Log notice file /var/log/tor/notice.log
Log info file /var/log/tor/info.log
Log debug file /var/log/tor/debug.log
RunAsDaemon 1
ControlPort 9051
CookieAuthentication 1
```

（4）设置客户端

设置节点的实质就是修改设置文件，使用 vi 编辑器修改设置文件，命令如下。

```
#sudo vi /usr/local/etc/tor/torrc
```

在此以 IP 为 192.168.1.63 的权威目录服务器为例，设置文件如下。

```
    dirauthority AX01 v3ident=50286317237EEE615D1519ED170C604F82C101
D3 192.168.1.81:9047 9E2068C662CBFD531006716546700C7BD73DDCAB
    dirauthority AX02 v3ident=4680E27401462B523C752C9E58A01AA1511FA5
68 192.168.1.108:9047 11070E248BFD302E81CA8987BC74D102E59211F3
    dirauthority AX03 v3ident=5954A281E82FD788FBB8BAE4D2B529BFA472F2
B0 192.168.1.51:9047 D0BCB24DE6EFB3BB76232EDB3398D00562BA07B4
    socksPort 9050
    DIRPort 9047
    dircache 1
    TestingTorNetwork 1
    assumereachable 1
    serverdnssearchdomains 1
    connlimit 32
    Nickname CX01
    Exitpolicy accept *:*
    ExitRelay 1
    PublishServerDescriptor 1
    ORport 9046
    contactinfo 251018624@qq.com
    address 192.168.1.63
    DataDirectory /var/lib/tor
    Log notice file /var/log/tor/notice.log
    Log info file /var/log/tor/info.log
    Log debug file /var/log/tor/debug.log
    RunAsDaemon 1
    ControlPort 9051
    CookieAuthentication 1
```

（5）启动网络

在任意节点上运行#tor 就可以启动 Tor 服务，启动后可以使用 netstat 查看 Tor 端口，如图 5.7 所示，命令如下。

```
    #netstat -antp |grep tor
```

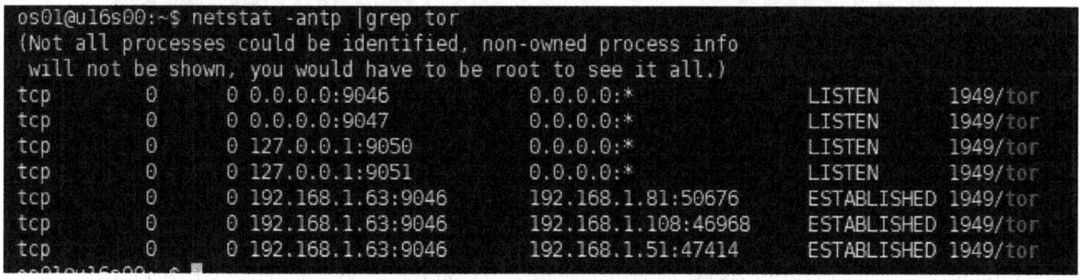

图 5.7　使用 netstat 查看 Tor 端口

如果想停止 Tor 服务，需要使用 kill 命令终止进程。先查找进程，命令如下。

```
#ps -ef |grep tor
```

根据查找到的 Tor 进程，如图 5.8 所示，使用 kill 命令终止进程即可，命令如下。

```
#kill -9 [进程号]
```

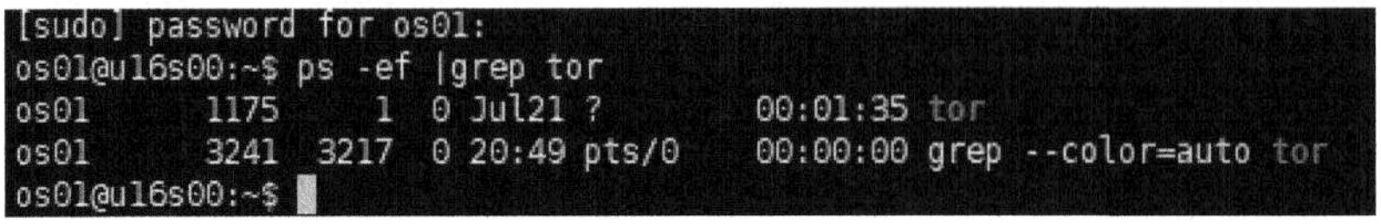

```
[sudo] password for os01:
os01@u16s00:~$ ps -ef |grep tor
os01      1175      1  0 Jul21 ?        00:01:35 tor
os01      3241   3217  0 20:49 pts/0    00:00:00 grep --color=auto tor
os01@u16s00:~$
```

图 5.8　查找 Tor 进程

5.2.2.3　Tor 测试

为了更直观地判断 Tor 网络是否成功搭建，客户端使用图形化界面测试。

（1）客户端安装 gnome

```
#sudo apt install ubuntu-gnome-desktop  --no-install-recommends
#sudo systemctl start gdm
#sudo systemctl enable gdm
```

（2）客户端安装 firefox

```
#sudo apt-get install firefox
```

（3）客户端安装 TigerVNC

重新实例后，安装所需的软件包，然后安装 TigerVNC，命令如下。

```
#sudo apt install xserver-xorg-core
#sudo apt install tigervnc-standalone-server tigervnc-xorg-extension
tigervnc-viewer
#sudo apt-get install gsfonts-x11 xfonts-base xfonts-75dpi xfonts-
100dpi
```

设置密码，如图 5.9 所示，命令如下。

```
# vncpasswd
```

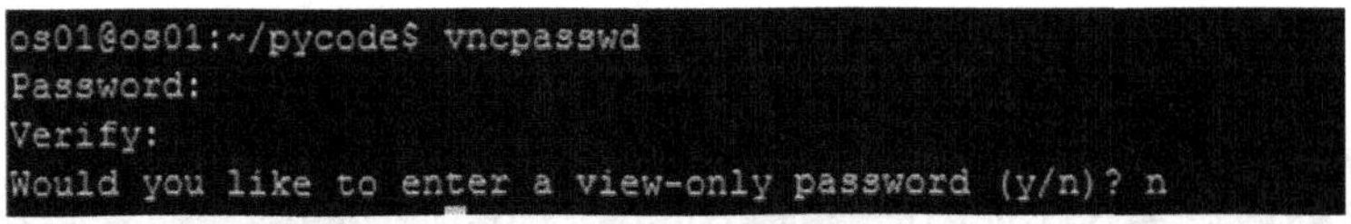

```
os01@os01:~/pycode$ vncpasswd
Password:
Verify:
Would you like to enter a view-only password (y/n)? n
```

图 5.9　设置 vncpasswd

此处设置为 vncserver。终止所有 vncserver 进程后重启，命令如下。

```
#vncserver -kill :*
```

下面创建一个启动脚本作为初始设置，在激活 VNC 服务器时执行。

首先，使用 nano 命令创建~/.vnc/xstartup 文件。

```
#nano ~/.vnc/xstartup
```

然后，填写以下代码。

```
1)#!/bin/sh
2)[ -x /etc/vnc/xstartup ] && exec /etc/vnc/xstartup
3)[ -r $HOME/.Xresources ] &&xrdb $HOME/.Xresources
4)vncconfig -iconic &
5)dbus-launch --exit-with-session gnome-session &
```

保存并退出后，给~/.vnc/xstartup 文件添加可执行权限如下。

```
#sudo chmod a+x /home/li/.vnc/xstartup
```

要启动 VNC 服务器运行，可以使用以下命令。

```
#vncserver -localhost no -geometry 1920x950 -depth 24
```

上述选项将创建一个会话，允许远程访问该 VNC 服务器，指定 VNC 显示器的分辨率为 1920×950，色深为 24 位。在 Ubuntu 操作系统上，用户可以用 xrandr -q 命令查看分辨率，也可以根据自己的喜好设置分辨率和清晰度。

vncserver -list 可以用来查看服务是否开启，如图 5.10 所示。

图 5.10　查看服务是否开启

（4）VNC 连接，检验 Tor 网络

在局域网内，使用 VNC Viewer 连接客户端节点 192.168.1.63:5901，密码为 vncserver，如图 5.11 所示。

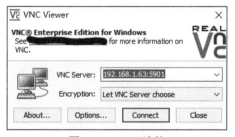

图 5.11　VNC 连接

连接后显示 Linux 桌面，在 activities 中找到 firefox 启动。

单击"Settings"选项，如图 5.12 所示，搜索 Proxy 进行设置，如图 5.13 所示。

图 5.12　设置 firefox

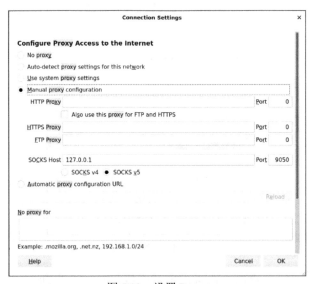

图 5.13　设置 Proxy

测试能否访问网络，如显示能够正常运行，则说明 Tor 网络成功搭建。

本次实验的具体网络节点和 IP 如图 5.14 所示。

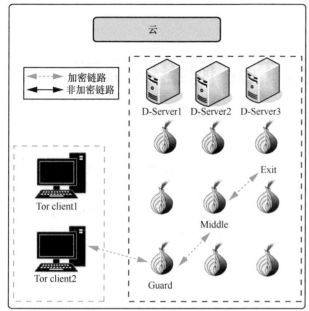

图 5.14　本次实验的具体网络节点和 IP

网络信息说明
Cloud网段192.168.1.0/24
网关。192.168.1.1
3台目录服务器地址：
D-server1:192.168.1.101/24
D-server2:192.168.1.89/24
D-server3:192.168.1.57/24
7个中继地址分别为：
192.168.1.81/24
192.168.1.108/24
192.168.1.51/24
192.168.1.61/24
192.168.1.71/24
192.168.1.72/24
192.168.1.59/24
2个客户端地址为：
Client1:192.168.1.73/24
Client2:192.168.1.63/24

第 **6** 章
基于 Stem 的 Tor 网络信息查看

Stem 是 Tor 的一个 Python 控制器库，也就是 Tor 的 Python API。用户可以通过 Python 编程，利用 Tor 来传递自己的隐蔽信息。Stem 不仅仅是一个单纯的 IP 切换工具，也是一个可以深层次操作 Tor 的模块。用户可以根据 Stem 进行路由选择。本章将基于第 5 章搭建的 Tor 网络，带读者了解和学习 Stem 的功能特性、编写 Python 脚本，以及使用 Tor 网络建立基于 Socket 的 TCP 通信。

🔍6.1 理论基础

6.1.1 Stem

从技术角度看，Stem 是 Tor 的目录和控制规范的 Python 实现。Stem 需要 Python 2.6 以上的版本。现有的 Tor 的控制器库如表 6-1 所示。

表 6-1 Tor 的控制器库

控制器库	语言
Stem	Python
Txtorcon	Python (Twisted)
TorCtl	Python
TorUtils	PHP
Puccinia	Rust
PHP TorCtl	PHP
JTorCtl	Java
Bine	Go
Orc	Go
Bulb	Go
Rust Controller	Rust

用户可以在自己的程序中调用这些接口，如果想获得更多的编程自由和更大的权限，需要进一步学习 Tor 控制协议。最成熟的控制器库是用 Python 编写的，但是也有一些其他语言的控制器库可以选择，目前，Stem 最成熟的替代品是 Txtorcon 和 TorCtl。

6.1.2　通过命令行与 Tor 交互

有时候并不需要使用一个控制器库来与 Tor 网络交互，可以直接通过命令行交互。

1.　ControlPort

ControlPort 是最简单的利用 Telnet 与 Tor 网络交互的方法。如果用户的 Torrc 没有设置 CookieAuthentication 或 HashedControlPassword，连接后可以简单地调用 AUTHENTICATE 而不需要任何凭据。先为 Tor 启用 ControlPort 来监听端口 9051，再哈希一个新密码，以防止外部代理随机访问端口。

```
（1）% cat ~/.tor/torrc
（2）ControlPort 9051
（3）% telnet localhost 9051
（4）Trying 127.0.0.1...
（5）Connected to localhost.
（6）Escape character is '^]'.
（7）AUTHENTICATE
（8）250 OK
（9）GETINFO version
（10）250-version=0.2.5.1-alpha-dev (git-245ecfff36c0cecc)
（11）250 OK
（12）QUIT
（13）250 closing connection
（14）Connection closed by foreign host.
```

2.　ControlSocket

ControlSocket 是基于文件的 Socket，可以使用 Socat 对它进行连接。Socat 是 Netcat 的一个更复杂的变体。2016 年 2 月 1 日，Santiago Zanella-Beguelin 和 Microsoft Vulnerability Research 发布了关于复合 Diffie-Hellman 参数的安全公告，该参数已硬编码到 Socat 的 OpenSSL 实现中。

```
（1）% cat ~/.tor/torrc
（2）ControlSocket /home/atagar/.tor/socket
（3）% socat UNIX-CONNECT:/home/atagar/.tor/socket STDIN
（4）AUTHENTICATE
（5）250 OK
（6）GETINFO version
（7）250-version=0.2.5.1-alpha-dev (git-245ecfff36c0cecc)
```

（8）250 OK

（9）QUIT

（10）250 closing connection

3．Cookie 身份验证

Cookie 身份验证意味着身份验证使用的凭据是 Tor 的 DataDirectory 中文件的内容。用户可以通过调用 PROTOCOLINFO 了解有关 Tor 身份验证方法的信息（包括 Cookie 文件的位置）。在 Stem 中 protocol_version 是有效 PROTOCOLINFO 响应的唯一必需数据，其他值如果未定义则在代码中显示 None 或空集合。

```
（1）% cat ~/.tor/torrc
（2）ControlPort 9051
（3）CookieAuthentication 1
（4）% telnet localhost 9051
（5）Trying 127.0.0.1...
（6）Connected to localhost.
（7）Escape character is '^]'.
（8）PROTOCOLINFO
（9）250-PROTOCOLINFO 1
（10）250-AUTH METHODS=COOKIE SAFECOOKIE COOKIEFILE="/home/
atagar/.tor/control_auth_cookie"
（11）250-VERSION Tor="0.2.5.1-alpha-dev"
（12）250 OK
```

Cookie 身份验证有两种形式：COOKIE 和 SAFECOOKIE。Stem 透明地支持这两种形式，其中，COOKIE 形式更简单。以下是 COOKIE 形式身份验证的演示，可以使用 hexdump 命令（用于查看 Linux 下的二进制文件）获取 AUTHENTICATE 命令的凭证。

```
（1）% hexdump -e '32/1 "%02x""\n"' /home/atagar/.tor/control_auth_
cookie
（2）be9c9e18364e33d5eb8ba820d456aa2bc03444c0420f089ba4569b6aeecc6254
（3）% telnet localhost 9051
（4）Trying 127.0.0.1...
（5）Connected to localhost.
（6）Escape character is '^]'.
（7）AUTHENTICATE be9c9e18364e33d5eb8ba820d456aa2bc03444c0420f089
ba4569b6aeecc6254
（8）250 OK
（9）GETINFO version
（10）250-version=0.2.5.1-alpha-dev (git-245ecfff36c0cecc)
（11）250 OK
（12）QUIT
（13）250 closing connection
```

（14）14.Connection closed by foreign host.

4. 密码认证

Tor 的另一种身份验证方法是使用用户知道的凭证，即密码认证。用户需要先对密码进行哈希处理。

（1）% tor --hash-password "my_password"

（2）16:E600ADC1B52C80BB6022A0E999A7734571A451EB6AE50FED489B72E3DF

然后，在 Torrc 文件中进行如下设置。

（1）% cat ~/.tor/torrc

（2）ControlPort 9051

（3）HashedControlPassword 16:E600ADC1B52C80BB6022A0E999A7734571A
451EB6AE50FED489B72E3DF

（4）% telnet localhost 9051

（5）Trying 127.0.0.1...

（6）Connected to localhost.

（7）Escape character is '^]'.

（8）AUTHENTICATE "my_password"

（9）250 OK

（10）GETINFO version

（11）250-version=0.2.5.1-alpha-dev (git-245ecfff36c0cecc)

（12）250 OK

（13）QUIT

（14）250 closing connection

（15）Connection closed by foreign host.

6.1.3　Socks5

Socks 是一种网络传输协议，在 RFC 1928 中定义，主要用于客户端与外网服务器之间信息的传递。最新协议是 Socks5，它是 Socks4 的不兼容扩展。与 Socks4 相比，Socks5 为身份验证提供了更多选择，并增加了对 IPv6 和 UDP 的支持，后者可用于 DNS 查找。初始握手包括以下内容。

（1）客户端连接并发送问候语，其中包括支持的身份验证方法列表。

（2）服务器选择其中一种方法（如果它们都不可接收，则发送失败响应）。

（3）可能会在客户端和服务器之间传递消息，具体取决于所选的身份验证方法。

（4）客户端发送类似于 Socks4 的连接请求。

（5）服务器响应类似于 Socks4。

Socks5 代理是 VPN 的替代品。它使用代理服务器在服务器和客户端之间路由数据包。这意味着真实的 IP 地址是隐藏的，用户可以使用代理地址访问互联网。因为通过身份验证建立完整的 TCP 连接，并使用 SSH 加密方法来保护中继流量，所以 Socks5 代理更安全。Socks5 支持 UDP 和 TCP，但这两种代理是有区别的。

TCP 在客户端和服务器之间形成连接，确保所有数据包从一端到达另一端。它需要将内容调整为固定格式以便传输。而 UDP 并不关注来自客户端或服务器的所有数据包是否都到达另一端以及它们是否以相同的顺序传输。UDP 不需要将数据包转换为固定数据包流。因此，Socks5 可以提供更快的速度和可靠的连接。

当基于 TCP 的客户端希望与只能通过防火墙访问的对象建立连接时，它必须打开 TCP 连接，以便连接 Socks5 服务器上适当的端口（Socks5 端口）。Socks5 服务器通常使用 TCP 端口 1080。如果连接请求成功，则客户端进入身份验证方法协商状态，使用协商决定的方法进行身份验证，然后发送中继请求；Socks5 服务器评估请求，根据评估结果建立连接或拒绝请求。

基于 UDP 的客户端必须在对 UDP ASSOCIATE 请求的回复中通过 BND.PORT 指示的 UDP 端口将其数据包发送到 UDP 中继服务器。如果选择的身份验证方法为了真实性、完整性和/或机密性提供封装，则必须使用适当的封装来封装数据包。当 UDP 中继服务器决定中继 UDP 数据包时，它不会通知请求的客户端。同样，它会丢弃不能或不会中继的数据包。当 UDP 中继服务器接收到来自远程主机的回复数据包时，它必须使用上述 UDP 请求头和任何与身份验证方法相关的封装来封装该数据包。

UDP 中继服务器必须从 Socks5 服务器获取客户端的预期 IP 地址，该客户端将向 UDP ASSOCIATE 回复中给出的 BND.PORT 发送数据包。它必须丢弃来自任何源 IP 地址的数据包，而不是特定关联记录的数据包。

Socks5 代理与只能解释和处理 http 和 https 网页的 http 代理不同。http 代理通常是为特定协议设计的高级代理，虽然这意味着可能获得更快的连接速度，但不如 Socks5 代理灵活和安全。Socks5 代理是低级代理，可以不受限制地处理任何程序、协议以及流量。

🔍 6.2 Tor 网络编程实验

6.2.1 实验概述

本节实验的目的是理解和学习 Tor 网络 API，熟悉和掌握 Python 开发环境的搭建以及 Python 语言的简单使用，了解和学习 Stem 的功能特性，学习 Python 脚本编写、使用 Tor 网络建立基于 Socket 的 TCP 通信。

实验目的如下。

（1）了解 Tor 网络 API。

（2）学习调用 Stem 查看 Tor 网络信息的方法。

（3）实现基于 Socket（套接字）的通信程序，并以 Tor 作为通信代理。

实验资源如下。

（1）安装好 Tor 网络的云平台。

（2）Python 开发环境和 Stem 参考实验指南。

6.2.2　实验步骤

6.2.2.1　Python 安装与使用

Python 是一种跨平台的计算机程序设计语言，是一种面向对象的动态类型语言，最初被设计用于编写自动化脚本，随着版本的不断更新和语言新功能的添加，现多被用于独立的、大型项目的开发。

计算机需要拥有 Python 环境。首先，检查是否安装了 Python，在同级目录下的命令行窗口中输入 Python，如果看到了一个 Python 解释器的响应，那么就能在它的显示窗口中得到一个版本号。如果需要安装 Python，可以下载 Python 3.0 以上稳定的版本。

（1）查看 Linux 系统中的 Python 版本

大多数的 Linux 系统发行版（Ubuntu、CentOS 等）都默认自带了 Python，但是不一定是 Python 3.0 以上的版本。可以通过在终端上运行 Python -V 或 Python --version 命令来检查系统上已安装的 Python 版本，如下所示。

```
# Python --version  #查询 Python 版本信息
```

如果系统尚未安装 Python，则输出如下。

```
Command 'python' not found, but can be installed with:
sudo apt install python3
sudo apt install python
sudo apt install python-minimal
```

即提示可以通过 sudo apt install python3 命令安装 Python 3。

（2）更新 Python 版本

在 Ubuntu 终端执行以下两条命令可以更新 Python 版本。

```
# sudo apt-get update
# sudo apt-get install python 3.8
```

第一条命令用来指定更新 /etc/apt/sources.list 和 /etc/apt/sources.list.d 的源地址，这样能够保证获得最新的安装包。

第二条命令用来指定安装 Python 3.8 版本。

（3）Ubuntu 重新安装 Python

上述更新方法仅在 Ubuntu 已经安装 Python 的情况下才有效，如果 Ubuntu 中没有 Python 环境，或者需要重新安装，那么就需要到官网下载源代码，然后进行编译。

打开 Python 官方下载链接，可以看到各个版本的 Python，如图 6.1 所示。

Release version	Release date		Click for more
Python 3.11.8	Feb. 6, 2024	Download	Release Notes
Python 3.12.2	Feb. 6, 2024	Download	Release Notes
Python 3.12.1	Dec. 8, 2023	Download	Release Notes
Python 3.11.7	Dec. 4, 2023	Download	Release Notes
Python 3.12.0	Oct. 2, 2023	Download	Release Notes
Python 3.11.6	Oct. 2, 2023	Download	Release Notes
Python 3.11.5	Aug. 24, 2023	Download	Release Notes

View older releases

图 6.1 各个版本的 Python

单击版本号或者"Download"按钮进入对应版本的下载页面，滚动到最后即可看到适用于各个平台的 Python 安装包。如图 6.2 所示，在"Gzipped source tarball"处单击鼠标右键，在弹出的菜单中选择"复制链接地址"选项，即可得到.tgz 格式的源码压缩包地址。

Files

Version	Operating System	Description	MD5 Sum	File Size	GPG	Sigstore
Gzipped source tarball	Source release		7fb0bfaa2f6aae4aadcdb51abe957825	26477136	SIG	.sigstore
XZ compressed source tarball	Source release		b353b8433e560e1af2b130f56dfbd973	20041256	SIG	.sigstore
macOS 64-bit universal2 installer	macOS	for macOS 10.9 and later	0903e86fd2c61ef761c94cb226e9e72e	44774987	SIG	.sigstore
Windows embeddable package (32-bit)	Windows		104bf63ef10c06298024a61676a11754	10086697	SIG	.sigstore
Windows embeddable package (64-bit)	Windows		9199879fbad4884ed93ddf77e8764920	11213669	SIG	.sigstore
Windows embeddable package (ARM64)	Windows		6b989558c662f877e2e707d640673877	10481380	SIG	.sigstore
Windows installer (32 -bit)	Windows		45d4b29f26ca02b1ccf13451ea136654	24853336	SIG	.sigstore
Windows installer (64-bit)	Windows	Recommended	77d17044fd0de05e6f2cf4f90e87a0a2	26132480	SIG	.sigstore
Windows installer (ARM64)	Windows	Experimental	ae1b38fa57409d9a0088a031f59ba625	25410920	SIG	.sigstore

图 6.2 选择下载地址

使用 Wget 下载 Python-3.8.1.tgz 安装包，然后使用 tar 工具解压源码压缩包 Python-3.8.1.tgz。

```
# tar -zxvf Python-3.8.1.tgz
```

使用 make 工具对解压后的 Python 源码包进行编译。命令中的 "--prefix=/usr/local"用于指定安装目录，建议指定目录，如果不指定，系统就会使用默认的安装目录。

```
# ./configure  --prefix=/usr/local
# make&&sudo make install
```

通过以上操作安装好 Python 后，进入终端，输入 Python 指令，验证是否已安装成功。

6.2.2.2　Python 调用 Stem 查看 Tor 网络信息

1. Stem 环境安装

代码如下。

```
# sudo apt install python3-pip
# pip install pycurl
# sudo apt-get install python3-stem
# sudo apt-get install python-lzo
# sudo apt-get install python-stem
# sudo apt-get install python-pycurl
# sudo apt-get install python-pip
# pip install theonionbox
```

2. 调用 Stem，获取当前可用链路信息

这里给出一段简单的 Python 参考代码，代码可保存为 list_circuits.py，来获取当前所有可用链路信息，其中，controller.get_circuits 返回一个列表，包含链路中 Stem 提供的 API 详细信息、链路的状态、链路的标识符、链路的传输数据等。

```
（1）from stem import CircStatus
（2）from stem.control import Controller
（3）with Controller.from_port(port = 9051) as controller:
（4）controller.authenticate()
（5）for circ in sorted(controller.get_circuits()):
（6）if circ.status != CircStatus.BUILT:
（7）continue
（8）print("")
（9）print("Circuit %s (%s)" % (circ.id, circ.purpose))
（10）for i, entry in enumerate(circ.path):
（11）div = '+' if (i == len(circ.path) - 1) else '|'
（12）fingerprint, nickname = entry
（13）desc = controller.get_network_status(fingerprint, None)
（14）address = desc.address if desc else 'unknown'
（15）print(" %s- %s (%s, %s)" % (div, fingerprint, nickname, address))
```

这段代码输出 Tor 网络建立的隧道（Circuit）的详细信息。每条隧道都由 3 个节点构成，即入口节点、中间节点和出口节点（目标网站）。每个节点都有唯一的识别码、IP 地址，以及用于识别的名称。

代码的运行结果如下，显示的第一条隧道（Circuit 4）入口节点的识别码是 B1FA7D51B8B6F0CB585D944F450E7C06EDE7E44C，入口节点用于识别的名称是 ByTORAndTheSnowDog，其 IP 地址为 173.209.180.61；中间节点是 afo02，其 IP 地址是 87.238.194.176；出口节点是 The Snow Dog3，其 IP 地址为 109.163.234.10。

其他隧道与 Circuit6、Circuit10 类似。

（1）% python3 list_circuits.py

（2）Circuit 4 (GENERAL)

（3）|- B1FA7D51B8B6F0CB585D944F450E7C06EDE7E44C (ByTORAndTheSnowDog, 173.209.180.61)

（4）|- 0DD9935C5E939CFA1E07B8DDA6D91C1A2A9D9338 (afo02, 87.238. 194.176)

（5）+- DB3B1CFBD3E4D97B84B548ADD5B9A31451EEC4CC (The Snow Dog3, 109.163.234.10)

（6）Circuit 6 (GENERAL)

（7）|- B1FA7D51B8B6F0CB585D944F450E7C06EDE7E44C (ByTORAndTheSnowDog, 173.209.180.61)

（8）|- EC01CB4766BADC1611678555CE793F2A7EB2D723 (sprockets, 46. 165.197.96)

（9）+- 9EA317EECA56BDF30CAEB208A253FB456EDAB1A0 (bolobolo1, 96. 47.226.20)

（10）Circuit 10 (GENERAL)

（11）|- B1FA7D51B8B6F0CB585D944F450E7C06EDE7E44C (ByTORAndTheSnowDog, 173.209.180.61)

（12）|- 00C2C2A16AEDB51D5E5FB7D6168FC66B343D822F (ph3x, 86.59. 119.83)

（13）+- 65242C91BFF30F165DA4D132C81A9EBA94B71D62 (torexit16, 176. 67.169.171)

3. 调用 Stem，查看当前出口节点信息

这里给出一段简单的 Python 参考代码，代码可保存为 list_circuits.py。

（1）import functools

（2）from stem import StreamStatus

（3）from stem.control import EventType, Controller

（4）def main():

（5）print("Tracking requests for tor exits. Press 'enter' to end.")

（6）print("")

（7）with Controller.from_port() as controller:

（8）controller.authenticate()

（9）stream_listener = functools.partial(stream_event, controller)

（10）controller.add_event_listener(stream_listener, EventType.STREAM)

（11）raw_input() # wait for user to press enter

（12）def stream_event(controller, event):

（13）if event.status == StreamStatus.SUCCEEDED and event.circ_id:

（14）circ = controller.get_circuit(event.circ_id)

（15）exit_fingerprint = circ.path[-1][0]

（16）exit_relay = controller.get_network_status(exit_fingerprint)

```
（17）print("Exit relay for our connection to %s" % (event.target))
（18）print("  address: %s:%i" % (exit_relay.address, exit_relay.or_
port))
（19）print("  fingerprint: %s" % exit_relay.fingerprint)
（20）print("  nickname: %s" % exit_relay.nickname)
（21）print("  locale: %s" % controller.get_info("ip-to-country/
%s" % exit_relay.address, 'unknown'))
（22）print("")
（23）if __name__ == '__main__':
（24）main()
```

如果运行了 Tor 网络，则发出如下网络请求。

```
（1）% curl --socks4a 127.0.0.1:9050 ***.com
（2）<HTML><HEAD><meta http-equiv="content-type" content="text/
html;charset=utf-8">
（3）<TITLE>301 Moved</TITLE></HEAD><BODY>
（4）<H1>301 Moved</H1>
（5）The document has moved
（6）<A HREF="http://www.***.com/">here</A>.
（7）</BODY></HTML>
```

运行 exit_used.py 程序，即可获得当前的出口节点信息。

```
（1）% python exit_used.py
（2）Tracking requests for tor exits. Press 'enter' to end.
（3）Exit relay for our connection to 64.15.112.44:80
（4）address: 31.172.30.2:443
（5）fingerprint: A59E1E7C7EAEE083D756EE1FF6EC31CA3D8651D7
（6）nickname: chaoscomputerclub19
（7）locale: unknown
```

6.2.2.3　使用 Tor 实现基于 Socket 的 TCP 通信

1. 环境安装

环境安装命令如下。

```
# sudo pip3 install
# virtualenv virtualenv-16.6.1-py2.py3-none-any.whl
# virtualenv -p python3 geo_env
# cd geo_env
# . bin/activate
# pip3 install PySocks
```

安装成功后退出，命令如下。

```
# deactivate
# pip3 install urllib3
```

2. 基于 Socket 的 TCP 通信

基于 Socket 创建 TCP 连接时，客户端（client.py）主动发起连接，服务器被动响应连接。客户端要主动发起 TCP 连接，必须知道服务器的 IP 地址和端口号。创建一个套接字对象 socket.socket()，并将套接字类型指定为 socket.SOCK_STREAM，使用的默认协议是 TCP。

```
（1）import socket
（2）client = socket.socket()
（3）client.connect(('192.168.1.165', 8900))
（4）while True:
（5）send_data = input("client>>")
（6）client.send(send_data.encode('utf-8'))
（7）if send_data == 'quit':
（8）break
（9）re_data = client.recv(1024).decode('utf-8')
（10）if re_data == 'quit':
（11）break
（12）print("server>>", re_data)
（13）client.close()
```

TCP 服务端（server.py）首先要绑定一个端口并监听来自其他客户端的连接。如果监听到某个客户端连接，服务器就与该客户端建立 Socket 连接，随后的通信通过 Socket 连接进行。监听套接字的作用是监听来自客户端的连接。当客户端发起连接时，服务器调用 .accept() 以接收连接。客户端调用 .connect() 建立与服务器的连接并启动 3 次握手。握手步骤很重要，因为它确保连接的两端都可以在网络中互相访问，换句话说，客户端可以访问服务器，服务器也可以访问客户端。

以一个简单的服务器程序为例，它接收客户端连接，回复客户端发来的请求，代码如下。

```
（1）import socket
（2）server = socket.socket()
（3）server.bind(('192.168.1.165', 8900))
（4）#调用 listen() 方法开始监听端口，传入的参数指定等待连接的最大数量
（5）server.listen(4)
（6）serObj, address = server.accept()
（7）while True:
（8）#建立连接后，服务端等待客户端发送的数据，实现通信
（9）    re_data = serObj.recv(1024).decode('utf-8')
（10）    print('client>>', re_data)
（11）    if re_data == 'quit':
（12）        break
（13）    send_data = input('server>>')
```

```
(14)        serObj.send(send_data.encode('utf-8'))
(15)        if send_data == 'quit':
(16)            break
(17) serObj.close()
(18) server.close()
```

6.2.2.4　ProxyChains 设置 Tor 代理

ProxyChains 是一款遵循 GNU 协议的适用于 Linux 系统的网络代理设置工具，其强制由任一程序发起的 TCP 连接请求必须通过 Tor、Socks4、Socks5 或 http(s) 代理，支持的认证方式包括 Socks4 或 Socks5 的用户/密码认证、http 的基本认证，允许 TCP 和 DNS 通过代理隧道，并且可设置多个代理。

在以下几种场景中，可以使用 ProxyChains：需要通过代理上网，或者需要突破设置了端口限制的防火墙；要使用 Telnet、SSH、wget、VNC、APT、文件传输协议（FTP）、Nmap 等应用。事实上，用户甚至可以通过 ProxyChains 设置反向代理，以从外部访问局域网，突破防火墙限制访问互联网。

ProxyChains 的安装过程比较简单，但是需要设备安装 C 语言的编译器（如 GCC）。

```
#./configure --prefix=/usr --sysconfdir=/etc
# make
# sudo make install
# sudo make install-config（安装 proxychains.conf）
```

安装完成后，设置 ProxyChains，ProxyChains 会按如下顺序查找设置文件。

（1）/proxychains.conf
（2）$(HOME)/.proxychains/proxychains.conf
（3）/etc/proxychains.conf

这里我们只使用它的网络代理功能，因此只对代理服务器的设置进行修改，命令如下。

```
# vi /etc/proxychains.conf
```

找到[ProxyList]，在其后面追加代理服务器设置信息：YourProxyIP port username password。其中，各个字段之间用空格或者 tab 分割开，如图 6.3 所示。

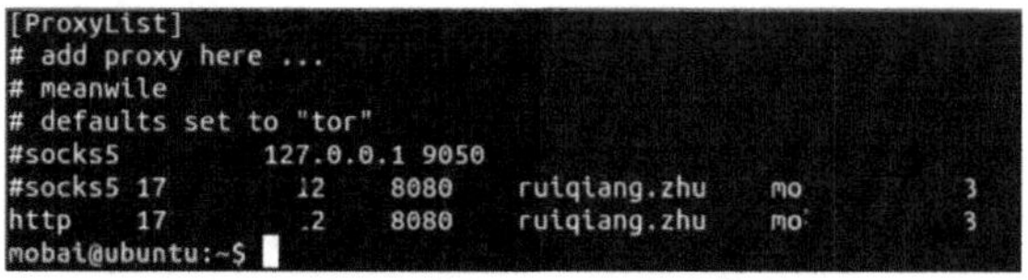

图 6.3　代理服务器设置

对于 Tor 网络，设置 Socks5 的代理为 127.0.0.1: 9050，即客户端把 Socket 请求通过 Tor 的 Socks 代理发到出口节点，具体实现步骤如下。运行 Tor 网络，然后服务器端（可以是出口节点，需要与 Tor 代理端口不同，也可以不是出口节点）运行以下命令。

```
# python server.py
```

在客户端上运行以下命令。

```
# proxychains python client.py
```

连接建立界面和通信完成界面分别如图 6.4 和图 6.5 所示。

```
root@CX01:/# python3 server.py
client >>

myuser@CX02:~$ vi proxychains
myuser@CX02:~$ proxychains python client.py
client >>
```

图 6.4　连接建立界面

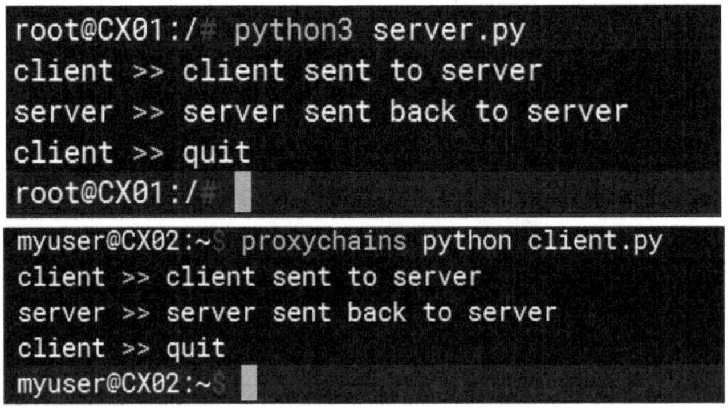

```
root@CX01:/# python3 server.py
client >> client sent to server
server >> server sent back to server
client >> quit
root@CX01:/#

myuser@CX02:~$ proxychains python client.py
client >> client sent to server
server >> server sent back to server
client >> quit
myuser@CX02:~$
```

图 6.5　通信完成界面

第7章
使用 Tor 实现匿名服务

很多网站在提供相应的服务时希望不泄露网站的真实位置，即用户无法追踪到关于该网站的相关信息。本章将基于已搭建的 Tor 网络，介绍如何利用 Tor 网络构建匿名服务。

7.1 理论基础

7.1.1 Tor 隐藏服务

Tor 协议中最具争议的部分在于隐藏服务协议，即 Web 服务器可以在对外提供服务的同时保持匿名，这种设计虽然在一定程度上保障了网站运营者的权益，但是也成为恶意行为滋生的温床。启用 Tor 隐藏服务的网站无法正常检索，普通的网络爬虫并不能获取这些网站的信息，只有网站的建立者公布隐藏服务域名后，用户才能通过洋葱浏览器对该网站进行访问。

Tor 隐藏服务通过隐藏服务域名（即洋葱域名）唯一标识和查找。服务器首次运行后将生成隐藏服务域名，其域名形式为〈z〉.onion，其中，〈z〉是长度为 16 B 的字符串，由 RSA 公钥哈希（Hash）值的前 80 位进行 Base32 编码获得。

Tor 隐藏服务器在启动过程中会将其信息上传至隐藏服务目录服务器，Tor 客户端能够通过目录服务器获取足够的信息与隐藏服务器建立双向链路。

想使用隐藏服务的 Web 服务器的运营者需要同时运行洋葱代理，但是一般不可以与洋葱路由器同时运行，因为洋葱路由器需要上传自己的网络状态，会泄露隐藏服务的部分信息。用户只能经过运营者的洋葱代理认证后才能访问 Web 服务器，而且这个过程中所有的通信都是通过洋葱路由匿名通信协议的链路进行的，保证了隐藏服务的运营者和用户同时匿名。利用 Tor 建立隐藏服务的过程如下。

第一步，在本地构建 Web 服务器，并使 Web 服务器只能从本地访问，防止监听者直接通过网络访问本地 Web 服务器监听到隐藏服务。

第二步，在洋葱代理的设置文件中设置对外公布的隐藏服务端口到本地 Web 服务器的映射，令外部的访问请求映射到 Web 服务器所监听的端口，以实现访问。

第三步，洋葱代理在目录文件中以带宽为权重随机选择 3～10 个节点作为隐藏服务的引入节点，建立到达这些引入节点的 3 跳匿名链路。

第四步，洋葱代理将自身的公钥信息和选出的引入节点打包生成隐藏服务的描述文件，描述文件中包含引入节点的信息与自身 RSA 公钥，并用自己的私钥签名，而后将该描述文件发给相应的目录服务器。

隐藏服务构建完成后可以在本地隐藏服务对应的目录下面找到名为 Hostname 的文件，文件的内容为隐藏服务的网址。隐藏服务的构建者可以公布域名，则其他用户可以访问 Tor 网络。用户访问 Tor 网络中隐藏服务网站的具体过程如下。

第一步，用户使用 Tor 浏览器或者将自己使用的浏览器的端口设为 Tor 所监听的 Socks 端口，然后通过隐藏服务域名（〈z〉. onion）进行访问。

第二步，洋葱代理从隐藏服务目录服务器下载对应隐藏服务的描述文件，并从中获知引入节点的信息以及公钥信息，而后用公钥对签名进行解密，通过验证后进行下一步。

第三步，洋葱代理以带宽为权重随机选择一个洋葱路由节点作为约会节点，把约会节点的信息以及自己的临时密钥打包为介绍信息，并把介绍信息用隐藏服务的公钥加密；然后洋葱代理随机选择隐藏服务网站中的一个引入节点，建立到达引入节点的 3 跳匿名链路，并通过引入节点将约会节点的信息发送到隐藏服务器；把介绍信息发给隐藏服务器。

第四步，隐藏服务收到来自引入节点的信息后，用私钥解密得知发出请求的洋葱代理的约会节点以及临时密钥，隐藏服务使用临时密钥构建到达约会节点的 3 跳匿名链路，并对该链路进行认证；然后约会节点提示发出请求的洋葱代理连接已经成功建立，至此，用户洋葱代理通过 6 个洋葱路由节点作为中继实现了访问隐藏服务。

7.1.2 Web 服务搭建工具

7.1.2.1 Node.js

Node.js 是一个基于 Chrome V8 引擎的 JavaScript 运行环境，其特点是可以在服务器端运行，能够实现其他后端语言（如 PHP、Java、Python 等语言）的几乎所有功能，是一个开源、跨平台的执行环境。

Node.js 应对高并发场景性能较好，在处理客户端请求时，不为每个客户连接创建一个新的线程，而是在单线程中运行。Node.js 在其标准库中提供了一组异步 I/O 原语，可防止 JavaScript 代码阻塞，通常 Node.js 中的库是使用非阻塞范例编写的，使阻塞行为成为例外而不是常态。当 Node.js 执行 I/O 操作（例如从网络读取、访问数据库或文件系统）时，不会阻塞线程并浪费 CPU 周期等待，Node.js 将在响应返回时恢复操作。这允许 Node.js 处理与单个服务器的数千个并发连接，而不会引入管理线程并发的负担。

以下是 Node.js 处理文件请求的方式。

（1）将任务发送到计算机的文件系统。

（2）准备处理下一个请求。

（3）当文件系统打开并读取文件后，服务器将内容返回给客户端。

通过上述的请求处理方式，Node.js 消除了等待文件系统打开并读取文件的时间，可以直接继续处理下一个请求。这种单线程、非阻塞、异步编程的方式极大地节省了内存。

在 Node.js 中，用户可以直接使用新的 ECMAScript 标准，不必等待所有用户更新他们的浏览器，可以通过更改 Node.js 版本来决定使用哪个 ECMAScript 版本，还可以通过运行带有标志的 Node.js 来启用特定的实验功能。

7.1.2.2　Express

Express 是一个 Node.js 的框架，用于简单、快速地构建单页、多页或混合的 Web 跨平台移动应用程序。Express 在 Node.js 之上扩展了开发 Web 应用所需的功能，提供了丰富的前后端开发工具。

Express 用简易的 API 对 Node.js 中 http 模块功能进行封装，轻松处理 http 请求和响应，并且可以快速简便地与 MySQL、MongoDB 等数据库建立连接，可以帮助开发人员快速创建 Web 服务器和 API 服务器。

Express 框架核心特性如下。

（1）可以设置中间件来响应 http 请求。

（2）定义了路由表用于执行不同 http 请求的动作。

（3）可以通过向模板传递参数来动态渲染 html 页面。

7.2　Tor 匿名服务搭建实验

7.2.1　实验概述

实验目的如下。

（1）掌握 Tor 的基本原理与功能。

（2）学习使用 Tor 实现匿名对外连接。

（3）尝试使用 Node.js 进行简单的 Web 开发，创建 https 服务器。

（4）学习 Tor 提供隐藏服务的基本原理。

实验资源如下。

（1）高性能计算机。

（2）Ubuntu 操作系统。

7.2.2　实验步骤

本节使用 Chrome Plugin 将浏览器的流量导入 Tor 网络，实现网站的匿名访问，即在使用浏览器访问网站时隐藏源 IP，创建一个 Web 服务器，并开启隐藏服务。

7.2.2.1　安装 Tor 和 Vidalia

Ubuntu 自带的包管理工具为 apt-get，可以通过在命令行中输入以下命令来安装 Tor。

```
# apt-get install Tor
```

Vidalia 是 Tor 的重要设置工具，在 Windows 和 Linux 平台都可以实现 Tor 洋葱代理、洋葱路由节点、隐藏服务的设置，可以查看带宽、节点信息、链路信息、日志信息。

将下载的压缩文件 vidalia-standalone-0.2.21-gnu-linux-x86_64-1-zh-CN.tar.gz 解压后即可找到文件夹的 App 子文件夹中的 Vidalia，双击运行即可开启 Tor。Vidalia Tor 路径设置如图 7.1 所示。

图 7.1　Vidalia Tor 路径设置

此处需要给 Vidalia 设置网络代理，让 Vidalia 直接接入 Tor 网络。地址设置为本地网络代理所监听的端口，即 127.0.0.1:1080，如图 7.2 所示。

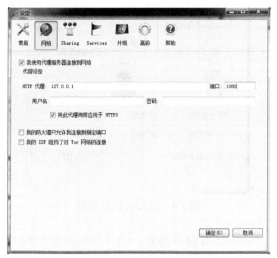

图 7.2　Vidalia 设置网络代理

单击 Vidalia 控制面板（如图 7.3 所示）的"启动 Tor"即可运行 Tor 的洋葱代理。如果想要运行洋葱路由节点或者隐藏服务可以在控制面板的"设定→分享"以及"设定→服务"内进行修改。

图 7.3　Vidalia 控制面板

Vidalia 启动过程如图 7.4 所示。完成启动后，Tor 会在后台监听 9050 端口，此时如果修改浏览器的代理为 127.0.0.1: 9050，则可以接入 Tor 网络。

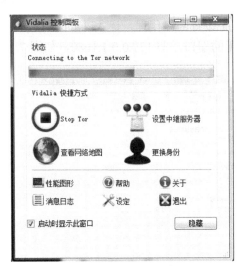

图 7.4 Vidalia 启动过程

Vidalia 除了上述功能还有很多功能。通过控制面板上的"网络地图"功能用户可以查看 Tor 所构建的链路，以及链路是由哪几个节点构成的；可以查看中继节点的昵称、IP 地址、带宽、运行时间、洋葱路由器描述的最后更新时间等信息。通过"性能图形"按钮用户可以查看当前发送和接收的流量的数值，以及当前上传和下载的速度。Vidalia 实时网络状况查看如图 7.5 所示。

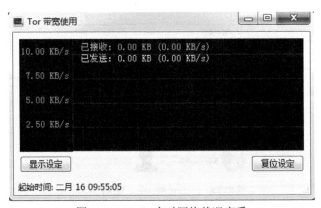

图 7.5 Vidalia 实时网络状况查看

7.2.2.2 借助 Chrome 浏览器插件使用 Tor

1. 安装 Chrome 插件 SwitchyOmega

SwitchyOmega 是 Chrome 和 Firefox 浏览器上的代理扩展程序，用于管理和切换多个代理设置。SwitchyOmega 接管浏览器代理后，可切换代理和本地连接。

在 Github 下载最新版安装包，进入设置菜单，打开扩展程序，拖动扩展名为.crx 的 SwitchyOmega 安装文件到扩展程序中进行安装，如图 7.6 所示。

图 7.6　安装 Chrome 插件 SwitchyOmega

2. 设置 SwitchyOmega 将 Chrome 流量导入 Tor 网络

Tor 在本地设置了一个 Socks 代理，一般是 127.0.0.1:1050，SwitchyOmega 的目的就是和这个端口建立连接，把数据传给 Tor。安装 SwitchyOmega 后，单击浏览器地址栏右侧的灰色圆圈图标，打开代理管理，选择"选项"，如图 7.7 所示。

图 7.7　设置 SwitchyOmega

在打开的设置窗口中，新建一个情景模式，并命名为 Tor，如图 7.8 所示。

图 7.8　新建情景模式

为新建的情景模式选择 Socks5 协议，代理服务器和代理端口分别设置为 127.0.0.1 和 1050，如图 7.9 所示。

图 7.9　选择 Socks5 协议

7.2.2.3　准备 Node.js 环境

本节使用 Node.js 创建一个 Web 服务器，为建立 Tor 隐藏服务做准备。

1. 安装 VMware Tools

通过 VMware Tools，用户可以直接从物理主机拖动文件到虚拟机中，便于物理主机和虚拟机之间的相互切换，命令如下。

```
# sudo apt-get install open-vm-tools
# vmhgfs-fuse .host:/Linuxshare /mnt/hgfs/ -o allow_other
# sudo vmhgfs-fuse .host:/ /mnt/hgfs -o allow_other
```

2. 安装 Node.js

方法 1：通过 Ubuntu apt-get 命令安装 Node.js 和 npm（包管理工具），命令如下。

```
# sudo apt-get install nodejs
# sudo apt-get install npm                // 安装 Node.js 和 npm。
# npm --version
# nodejs -version               // 查看安装版本
```

方法 2：直接使用 Node 官网已编译好的包。

（1）在官网下载与用户系统匹配的文件。例如，用户通过 uname -a 命令查看到 Linux 系统位数是 64 位，则下载实线框中的安装包，如图 7.10 所示。

图 7.10　Node.js 安装

（2）解压下载的 tar 文件并设置环境变量，命令如下。

```
# tar xvf node-v12.14.1-linux-x64.tar.xz
// 解压
# sudo mv node-v12.14.1-linux-x64 /opt               //复制解压
文件夹到指定位置
# sudo vi /etc/profile
# export NODE_HOME=/opt/node-v12.14.1-linux-x64
# export PATH=$NODE_HOME/bin:$PATH               //为 Node.js 设置环境变量
# source /etc/profile          //保存并退出，编译/etc/profile 使设置生效
# echo $PATH               // 查看设置结果
# npm --version
# nodejs -version               // 查看安装版本
```

若安装成功，则显示如下版本信息。

```
verwing@ubuntu:~$ npm -version
3.5.2
verwing@ubuntu:~$ nodejs -version
v4.2.6
```

3. 创建一个 node 项目

首先初始化，完成后会在文件夹下生成一个新的 package.json 文件；然后，下载 TLS 上的加密 WebSocket 模块；最后，使用 audit 命令检测项目依赖中的漏洞，并自动安装需要更新的有漏洞的依赖，不必手工进行跟踪和修复，代码如下。

```
# npm init
# npm install ws
# npm install wss
# npm audit fix
```

4. 安装 Chrome 浏览器

（1）将下载源加入系统的源列表（添加依赖）。

（2）导入谷歌软件的公钥，用于对下载软件进行验证。

（3）对当前系统的可用更新列表进行更新。

```
# sudo apt-get update
```

（4）Chrome 浏览器（稳定版）的安装。

```
# sudo apt-get install google-chrome-stable
```

（5）启动 Chrome 浏览器。

```
# sudo apt-get remove google-chrome-stable
```

5. 安装 Express.js 库并查看版本

（1）安装 Express 框架，在终端输入如下命令。

```
# npm install express -g
```

（2）安装 Express 应用生成器，Express 应用生成器会帮助我们生成 Express 相应的目录结构，输入如下命令。

```
# npm install express-generator -g
```

（3）创建应用，在根目录下打开终端，输入如下命令。

```
# express express-demo
```

这时，会看到当前目录下生成了 express-demo 文件夹，目录结构如图 7.11 所示。

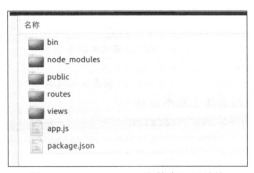

图 7.11　express-demo 文件夹目录结构

（4）安装依赖，切换到 express-demo 目录下，在终端输入如下命令。

```
# npm install
```

（5）启动应用，在终端输入如下命令。

```
# npm start
```

（6）浏览器访问 http://localhost:3000，设置成功后界面如图 7.12 所示。

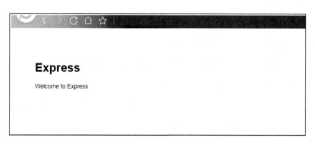

图 7.12　Express 安装成功

6．安装 WebSocket

代码如下。

```
# sudo npm install express-ws
# npm install socket.io socket.io-client -save      //安装 socket.io
```

7.2.2.4　创建 https 服务器

Node.js 环境准备好以后，我们可以通过内置的 https 库来创建 https 服务器。

1．利用 openssl 生成证书文件

服务端需要有一套数字证书（SSL 证书），一般证书通过向认证中心（CA）申请获得，也可以手动生成，但是手动生成的证书目前不被浏览器信任，还可以向阿里云、百度云、腾讯云等云服务提供商申请免费的证书，不过这种申请方式需要有自己的服务器和域名。

这里介绍如何手动生成 SSL 证书。

（1）安装 OpenSSL，命令如下。

```
# sudo apt-get install openssl
# sudo apt-get install libssl-dev
```

（2）测试是否安装成功，命令如下。

```
# openssl version -a
```

（3）生成私钥文件，命令如下。

```
# openssl genrsa 1024 > /path/to/private.pem
```

（4）使用前面创建的私钥文件 private.pem 生成证书签名，命令如下。

```
# openssl req -new -key /path/to/private.pem -out csr.pem
```

（5）生成证书文件，命令如下。

```
# openssl x509 -req -days 365 -in csr.pem -signkey /path/to/private.pem -out /path/to/file.crt
```

生成的 3 个文件如下。

private.pem: 私钥

csr.pem: CSR 证书签名

file.crt: 证书文件

2. 修改 Node.js 的启动文件 app.js

使用 require 命令载入文件系统模块、http 和 https 模块，并将实例化的 fs、http 和 https 赋值给变量 fs、http 和 https。使用 http.createServer()创建服务器，createServer 会返回一个对象，这个对象包含 listen 方法，使用 listen 方法的数值参数可以指定服务器监听的端口号。这里使用 listen 方法绑定 18080 和 18081 端口。在项目的根目录下创建一个 app.js 文件，并写入以下代码。

```
（1）var app = require('express')();
（2）var fs = require('fs');
（3）var http = require('http');
（4）var https = require('https');
（5）//导入生成的证书文件
（6）var privateKey = fs.readFileSync('/path/to/private.pem', 'utf8');
（7）var certificate = fs.readFileSync('/path/to/file.crt', 'utf8');
（8）var credentials = {key: privateKey, cert: certificate};
（9）var httpServer = http.createServer(app);
（10）var httpsServer = https.createServer(credentials, app);
（11）//设置http、https的访问端口号
（12）var PORT = 18080;
（13）var SSLPORT = 18081;
（14）//创建http服务器
（15）httpServer.listen(PORT, function() {
（16）    console.log('HTTP Server is running on: http://localhost:%s', PORT); });
（17）//创建https服务器
（18）httpsServer.listen(SSLPORT, function() {
（19）    console.log('HTTPS Server is running on: https://localhost:%s', SSLPORT);});
（20）    //根据请求判断是http还是https
（21）app.get('/', function(req, res) {
（22）    if(req.protocol === 'https') {
```

```
(23)            res.status(200).send('Welcome 1!');           }
(24)        else {   res.status(200).send('Welcome 2!');            }};
```

3. 启动服务器

（1）打开浏览器访问 http 服务，如图 7.13 所示。

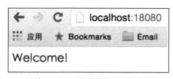

图 7.13　访问 http 服务

（2）打开浏览器访问 https 服务，如图 7.14 所示。

图 7.14　访问 https 服务

4. 查看证书

至此，我们已经成功使用 https 来访问服务器，但是浏览器提示此网站尚未经过身份验证，这是因为这个证书是我们创建的，没有经过第三方机构验证，所以会出现警告提示。

至此，我们就成功地利用 Node.js 内置 https 和 Express 创建了 https 服务器。

7.2.2.5　建立 Tor 隐藏服务

在建立本地的 https 服务器后，接下来，我们将建立的普通网站变成一个匿名服务网站，在匿名网络中提供 Web 服务，即建立 Tor 隐藏服务。

Tor 隐藏服务的解决方案是运行 Web 服务器的同时运行洋葱代理，借助 Tor 网络实现匿名服务。首先，Tor 节点可以帮助我们接收匿名访问请求，并把这个请求转交给本地创建的 Web 服务器；然后通过洋葱代理的设置文件，将本地的 Web 服务器端口号映射到洋葱代理对外公布的隐藏服务端口。

1. 安装并设置 Tor 浏览器

Tor 浏览器是洋葱代理与浏览器的结合，可以提供匿名安全上网服务，同时具有解析第二代洋葱路由匿名通信协议中隐藏服务的.onion 地址的功能，在建立隐藏服务后，我们需要使用 Tor 浏览器测试隐藏服务。

从 Tor 网站下载 Tor 浏览器，选择安装位置安装后打开 Tor 浏览器，单击"configure"按钮调整网络设置，如图 7.15 所示。

图 7.15　Tor 浏览器设置

调整网络设置后，单击"connect"按钮，等待 Tor 浏览器接入 Tor 网络。当 Tor 浏览器界面弹出后，就可以匿名地进行网络浏览。

2. 开启隐藏服务

在 7.2.2.4 节中我们已经用 Node.js 创建了 https 服务器，此时我们启动服务器使之处于运行状态，代码如下。

```
# node app.js
```

在 7.2.2.4 节中已经安装了 Vidalia，设置使用代理服务器连接到网络，参考图 7.2，代理服务器的地址和端口填写 ShadowSocksR 监听的 127.0.0.1 和 1080。

在隐藏服务设置界面设置隐藏服务对外发布的端口，可以设置任意值，这里设为 9046，本地端口设为 https 服务器的端口 1080，隐藏服务对应的文件夹设为 hidden，然后单击 Vidalia 开启 Tor 即可开启隐藏服务，隐藏服务设置界面如图 7.16 所示。

图 7.16　隐藏服务设置界面

　　从隐藏服务设置界面上可以看到隐藏服务的相关信息，包括隐藏服务的域名、隐藏服务对外公布的端口、隐藏服务本地对应的端口、隐藏服务的文件夹。隐藏服务的运营者只需要对外公布隐藏服务的域名，就可以让 Tor 网络的用户通过 Tor 浏览器访问隐藏服务。

　　设置隐藏服务功能后，隐藏服务的引入节点以及密钥都被打包为隐藏服务的描述文件，而后发布到目录服务器，用户只需要在 Tor 浏览器的地址栏中输入隐藏服务的域名以及端口即可对隐藏服务进行访问。隐藏服务的域名是在生成隐藏服务描述文件时设置的，通常情况下，自定义的隐藏服务域名是一串随机生成的字符串，以.onion 为后缀。

第8章
计算机及移动设备匿名
流量的生成与抓取

近年来，随着网络信息技术的持续演进，互联网对整个经济社会发展的融合、渗透、驱动作用日益明显，带来的网络安全与隐私泄露问题也不断增加，匿名网络作为主要的隐私增强技术已经被广泛应用于电子邮件、网页浏览等各个方面。然而，由于匿名通信系统具有节点发现难、服务定位难、用户监测难、通信关系确认难等特点，利用匿名通信系统隐藏真实身份从事恶意活动的匿名滥用现象层出不穷。

为了应对上述挑战，国内外研究人员开展了大量的研究工作，主要分为全局监管和局部监管两方面。全局监管能够监测匿名网络中客户端和服务器端之间的所有网络链路，即该类型的监管者可以同时监测入口节点和出口节点的流量信息，并进行流量关联分析；局部监管仅能监测某一特定节点的网络链路，即该类型监管者只能监测入口节点或出口节点的流量信息，并进行网站指纹攻击，网站指纹攻击是当前较热门的研究方向。

从本章开始，接下来的章节将分别从匿名流量生成与抓取、特征提取、数据预处理与特征选择、训练分类器和检测模型评估 5 个方面重点介绍匿名网络应对机制中的网站指纹攻击技术。

网站指纹攻击的原理是通过学习特定网站经由匿名网络返回的网络数据包特征，形成相应的网站（网页）指纹，再通过观察匿名网络用户的网络数据包特征来判断匿名网络用户访问的目标网站。不同于流量关联攻击，网站指纹攻击只需要监测匿名网络的一端，如只监测用户侧的流量，而不需要同时监测目标网站侧的流量，但网站指纹攻击的准确性更容易受到流量整形、网络抖动等外在因素的影响。与流量关联攻击类似的是网站指纹攻击也需要利用包的时间、频率、方向、大小等各种流量特征，基于流量特征向量构建机器学习模型和算法以检测识别用户访问的网页。

　　网站指纹攻击示意如图 8.1 所示，攻击者首先选择某个网站中需要监测的页面列表，当客户端访问网站页面时，攻击者的目标是识别客户端正在访问的页面。在实验环境中，研究者通常只考虑封闭世界的应用场景，即客户端只访问被监测的页面，但是在实际应用环境中，客户端可以访问任意页面，即访问的页面是一个开放的集合。网站指纹攻击通常采用机器学习的方法，过程包括两个阶段：训练阶段和测试阶段。在训练阶段，攻击者访问目标网页列表中的每个页面并重复此过程一定次数。在实际应用环境中，攻击者还需要访问一定数量的非监测页面，访问页面的目的是训练分类器，该分类器使用机器学习算法将流量分为不同类别的页面。在测试阶段，攻击者抓取用户加密的网络流量，并尝试对客户端正在访问的页面进行自动分类。

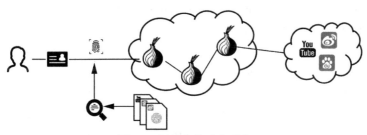

图 8.1　网站指纹攻击示意

　　网站指纹攻击可以形式化地定义为如下过程。若包的序列形式化地定义为
$P = \left\{ (t_1, l_1), (t_2, l_2), \cdots, (t_{|P|}, l_{|P|}) \right\}$。其中，$t_i$ 为第 $i-1$ 个包和第 i 个包之间的时间间隔，$t_1 = 0$。l_i 表示包的长度和方向，其值为正表示上行数据包，其值为负表示下行数据包，$|l|$ 为包的长度。包序列 P 中第 i 个包记为 P_i，T_i 代表 P_1 到 P_i 的总时间，$T_{|P|}$ 表示包序列 P 总的持续时间。所有的包序列的集合记为 S。因此，网站指纹攻击的目标是给定 $(P_{\text{train}}, C(P_{\text{train}}))$ 和测试样本 $P_{\text{test}} \in S_{\text{test}}$，预测 $C(P_{\text{test}})$ 的类别，其中 $P_{\text{train}} \in S_{\text{train}}$。

　　攻击者首先批量访问敏感网站，收集敏感网站对应的流量序列，从流量序列中提取特征向量，并将其与网页的标签配对得到训练数据。然后，通过训练数据训练机器学习中的监督学习模型得到分类器。最后，抓取匿名流量，提取其特征向量并交给分类器，识别出正在访问的网站。

　　在本章实验中，我们将学习常见设备的网络流量的生成与抓取方法。首先，学习在计算机上如何利用 Selenium 驱动 Firefox 浏览器自动化访问网页生成网络流量，在此基础上学习如何利用 Tshark 抓取网页的流量；然后，学习在 Android 设备上利用安卓调试桥（ADB）打开 Tor 浏览器的网页生成网络流量，并使用 Tcpdump 抓取网页流量；最后，学习使用 Pyshark 对抓取的流量序列进行分析。

8.1 理论基础

8.1.1 计算机自动化生成流量

本节内容的相关知识主要来自软件测试领域，使用 Python、Selenium WebDriver 以及浏览器在计算机上完成网页的自动化访问，使用 Python、ADB 和 Tor 浏览器（安卓版本）在安卓手机上完成网页的自动化访问，生成符合需求的网络流量。

8.1.1.1 Selenium WebDriver 工具

Selenium 是 ThoughtWorks 专门为 Web 应用程序编写的验收测试工具。Selenium 测试直接运行在浏览器中，可以模拟真实用户的行为，包括浏览页面、点击链接、输入文字、提交表单、触发鼠标事件等操作，并且能够对页面结果进行各种验证，支持多种浏览器。Selenium 的主要功能包括：测试与浏览器的兼容性，即测试用户的应用程序是否能够很好地工作在不同浏览器和操作系统上。测试系统功能，即创建回归测试检验软件功能和用户需求。简单地说，Selenium 允许用代码操作浏览器和执行脚本，这使它的应用不仅仅限于自动化测试。

Selenium 早期使用 JavaScript 注入技术进行浏览器操作，通过 Selenium RC 来启动一个服务，将操作 Web 元素的 API 调用转化为一段 JavaScript，在 Selenium 内核启动浏览器之后注入。JavaScript 注入技术的缺点是速度不理想，而且稳定性大大依赖于 Selenium 内核转化的 JavaScript 质量。

Selenium 与 WebDriver 整合后，形成的新的测试工具为 Selenium2.x，它提供一种不同的方式与浏览器交互，即利用浏览器的原生 API，封装成一套更加面向对象的 Selenium WebDriver API，直接操作浏览器页面里的元素，甚至操作浏览器本身。浏览器的原生 API 使调用速度大大提高，而调用的稳定性则依赖浏览器本身。然而也存在一些不足，因为不同类型的浏览器的 Web 操作存在差异，导致 Selenium WebDriver 需要依据浏览器类型提供不同的实现。例如，Firefox 有专门的 FirefoxDriver，Chrome 有专门的 ChromeDriver。WebDriver Wire 协议是通用的，无论是 FirefoxDriver 还是 ChromeDriver，启动之后都会在某一个端口启动基于这套协议的 Web Service。例如，FirefoxDriver 初始化成功之后，默认 http://localhost:7055 为首页，而 ChromeDriver 则默认 http://localhost:46350 为首页。接下来，调用 WebDriver 的 API 都需要借助 ComandExecutor 发送一个命令，即发送一个http请求给监听端口上的 Web Service。http 请求的主体使用 WebDriver Wire 协议规定的 JSON 格式的字符串向 Selenium 发送指令，以确认浏览器的后续工作。

WebDriver 对象的创建过程中，Selenium 首先确认浏览器的 native component 是否存在可用并且匹配的版本，接下来在浏览器里启动一整套 Web Service，其使用 Selenium 设计定义的 WebDriver Wire 协议，该协议非常强大，几乎可以使浏览器执行任何操作，包括打开、关闭、最大化、最小化、元素定位、元素点击、上传文件等。

不同浏览器的 WebDriver 子类都需要依赖特定的浏览器原生组件，例如，Firefox 需要 WebDriver.xpi 插件，IE 需要 dll 文件来转化 Web Service 的命令为浏览器 native 的调用。WebDriver Wire 协议是一套基于 RESTful 的 Web Service。

阅读 Selenium 官方的协议文档可以获得 WebDriver Wire 协议的细节等扩展信息。在 Selenium 的源码中，可以找到一个 HttpCommandExecutor 类，该类维护了一个 Map，负责将代表命令的简单字符串 key，转化为相应的 URL，因为 REST 的理念是将所有的操作视作一个个状态，每个状态对应一个 URI。所以当我们以特定的 URL 发送 http 请求给 RESTful Web Service 后，它就能解析出需要执行的操作。截取一段源码如下。

```
（1）nameToUrl = ImmutableMap.builder()
（2）        .put(NEW_SESSION, post("/session"))
（3）        .put(QUIT, delete("/session/:sessionId"))
（4）.put(GET_CURRENT_WINDOW_HANDLE,
get("/session/:sessionId/window_handle"))
（5）.put(GET_WINDOW_HANDLES,
get("/session/:sessionId/window_handles"))
（6）        .put(GET, post("/session/:sessionId/url"))
（7）        // The Alert API is still experimental and should
not be used.
（8）        .put(GET_ALERT, get("/session/:sessionId/alert"))
（9）        .put(DISMISS_ALERT, post("/session/:sessionId/dismiss_
alert"))
（10）       .put(ACCEPT_ALERT, post("/session/:sessionId/accept_
alert"))
（11）       .put(GET_ALERT_TEXT, get("/session/:sessionId/alert_
text"))
（12）       .put(SET_ALERT_VALUE, post("/session/:sessionId/alert_
text"))
```

可以看到，实际发送的 URL 都是相对路径，扩展名多以/session/:sessionId 开头，这也意味着 WebDriver 每次启动浏览器都会分配一个独立的 sessionId，多线程并行的时候线程之间不会有冲突和干扰。例如，最常用的 WebDriver 的 API——getWebElement，它会转化为/session/:sessionId/element 这个 URL，然后在发出的 http 请求主体内附上具体的参数，如 by ID、CSS 或 Xpath，及其各自的值。RESTful Web Service 收到并执行这个操作之后，会回复一个 http response，内容是 JSON 格式，返回找到的 WebElement 的各种细节，如 text、CSS selector、tag name、class name 等。上述 http response 的代码片段如下。

```
（1）try {
（2）        response = new JsonToBeanConverter().convert(Response
.class, responseAsText);
（3）        } catch (ClassCastException e) {
（4）        if (responseAsText != null && "".equals(responseAsTe
xt)) {
（5）            // The remote server has died, but has already set
 some headers.
（6）            // Normally this occurs when the final window of
 the firefox driver
（7）            // is closed on OS X. Return null, as the return
value _should_ be
（8）            // being ignored. This is not an elegant solution.
（9）            return null;
（10）        }
（11）        throw new WebDriverException("Cannot convert text to
 response: " + responseAsText, e);
（12）        }
```

WebDriver 更加面向对象的方式大大降低了 Selenium 的使用门槛，使 Web 元素的操作方法也非常简单易学。实际项目使用中，工作量最大的部分就是解析定位目标项目页面中的各种元素。

8.1.1.2　自动化生成流量的基本工作原理

自动化生成流量主要需要测试脚本、浏览器驱动和浏览器 3 个组件：测试脚本可以是 Python 或 Java 编写的脚本程序，也可以称为 Client 端；浏览器驱动需要根据不同的浏览器开发，不同的浏览器使用不同的 WebDriver 驱动程序且需要对应的浏览器版本；目前 Selenium 支持市面上大多数浏览器，如火狐、谷歌、IE 等。

Selenium WebDriver 是典型的 Server-Client 模式，Server 端就是 Remote Server，Selenium 2.0 的工作原理如图 8.2 所示。

当使用 Selenium 2.0 启动浏览器时，后台会同时启动基于 WebDriver Wire 协议的 Web Service 作为 Selenium 的 Remote Server，并与浏览器绑定。之后，Remote Server 就开始监听 Client 端的操作请求。

执行测试时，测试用例会作为 Client 端，将需要执行的页面操作请求以 http 请求的方式发送给 Remote Server。该 http 请求的主体以 WebDriver Wire 协议规定的 JSON 格式来描述需要浏览器执行的具体操作。

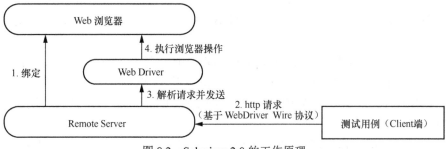

图 8.2　Selenium 2.0 的工作原理

Remote Server 接收到请求后，会对请求进行解析，并将解析结果发给 WebDriver，由 WebDriver 执行浏览器的操作。

WebDriver 可以作为直接操作浏览器的原生组件，所以搭建测试环境时，通常都需要先下载浏览器对应的 WebDriver。

下面举例说明自动化生成流量的工作过程。

测试脚本将请求发送到浏览器驱动，过程如下。

（1）输入 URL 打开百度网页；

（2）搜索关键字 selenium；

（3）检查实际结果，与预期结果进行比较；

（4）浏览器驱动执行测试脚本的请求，向浏览器发送请求；

（5）打开百度网页；

（6）当 textbox 显示可见，保存这个 Web 元素；

（7）操作 textbox 对象，输入 selenium；

（8）当确认按钮可以单击时，保存这个 Web 元素；

（9）单击这个按钮对象。

浏览器执行来自浏览器驱动的请求，过程如下。

（1）打开百度网页；

（2）找到搜索框 textbox，输入 selenium；

（3）单击搜索按钮；

（4）展示搜索结果。

8.1.2　移动设备自动化生成流量

ADB 是一个命令行窗口，通过计算机端与模拟器或者设备之间进行交互。ADB 是 C/S 架构的应用程序，由 3 部分组成。

（1）运行在计算机端的 ADB Client。命令行程序 adb 用于从脚本中运行 adb 命令。首先，adb 程序尝试定位主机上的 ADB 服务器，如果找不到 ADB 服务器，

adb 程序自动启动一个 ADB 服务器。接下来，当设备的 adbd（adb demon）和计算机端的 ADB Server 建立连接后，ADB Client 就可以向 ADB Servcer 发送服务请求。

（2）运行在计算机端的 ADB Server。ADB Server 是运行在主机上的后台进程。它的作用在于检测 USB 端口感知设备的连接和断开，以及模拟器实例的启动和停止，ADB Server 还需要将 ADB Client 的请求通过 USB 或者 TCP 的方式发送到对应的 adbd 上。

（3）运行在设备端的常驻进程 adbd。程序 adbd 作为后台进程在 Android 设备或模拟器系统中运行。它的作用是连接 ADB Server，并且为运行在主机上的客户端提供服务。

我们可以使用 ADB 的 am 命令控制 Android 应用程序执行相应的操作，例如，打开浏览器并访问指定的 URL，代码如下。

```
adb shell am start -n info.guardianproject.orfox/org.mozilla.gecko.
BrowserApp -a android.intent.action.VIEW -d 百度主页 URL
```

上述代码中，info.guardianproject.orfox 是 Tor 浏览器（安卓版本）的 activity 名，org.mozilla.gecko.BrowserApp 是其包名，-a android.intent.action.VIEW 表示操作为浏览网页，-d 百度主页 URL 表示浏览的网页为百度主页。

8.1.3　常用网络封包分析工具的原理与使用方法

8.1.3.1　基础网络知识

1. 网络分层

现代网络是由多种运行在不同平台上的异构系统组成的。为了使它们之间能够互相通信，研究人员开发了一套共同的网络语言，我们称之为协议。常见的网络协议包括传输控制协议（TCP）、互联网协议（IP）、地址解析协议（ARP）、DHCP。协议栈是一组协同工作的网络协议的逻辑组合。理解网络协议的最佳途径之一是将它们想象成口头或书面语言的使用规则。网络协议帮助我们定义如何路由数据包、如何发起一个连接，以及如何确认收到数据等。

网络协议是基于开放系统互连（OSI）参考模型中的职能进行分层的。OSI 参考模型将网络通信过程分为 7 个不同层次：物理层、数据链路层、网络层、传输层、会话层、表示层、应用层。

物理层。OSI 参考模型的底层是传输网络数据的物理媒介。这一层定义了所有使用的网络硬件设备的物理和电气特性，包括电压、集线器、网络适配器、中继器和线缆规范等。物理层建立和终止连接，并提供一种共享通信资源的方法，将数字信号转换成模拟信号传输，并将接收的模拟信号转换回数字信号。

数据链路层。这一层提供了通过物理网络传输数据的方法，其主要目的是提供一个寻址方案，可用于确定物理设备的信息（例如 MAC 地址）。网卡、网桥和交换机是工作在数据链路层的物理设备。

网络层。这一层负责数据在物理网络中的路由转发，是 OSI 参考模型中最复杂的层之一。它除了负责网络主机的逻辑寻址（例如通过 IP 地址寻址）外，还处理数据包分片和一些情况下的错误检测。路由器工作在这一层。

传输层。传输层的主要目的是为较低层提供可靠的数据传输服务。通过流量控制、分段/重组、差错控制等机制，传输层确保网络数据的端到端无差错传输。因为确保可靠的数据传输极为烦琐，所以 OSI 参考模型将其作为完整的一层。传输层同时提供了面向连接和无连接的网络协议。某些防火墙和代理服务器也工作在这一层。

会话层。这一层管理两台计算机之间的会话。负责在所有的通信设备之间建立、管理和终止会话连接。会话层还负责以全双工或者半双工的方式来创建会话连接，在通信主机间礼貌地关闭连接，而不是粗暴地直接丢弃。

表示层。这一层将接收数据转换成应用层可以读取的格式。在表示层完成的数据编码与解码取决于发送与接收数据的应用层协议。表示层同时进行用来保护数据的多种加密与解密操作。

应用层。OSI 参考模型的最上层，为用户访问网络资源提供一种手段。应用层通常是唯一一层能够被最终用户看到的协议，因为它提供的接口是最终用户所有网络活动的基础。

在网络上传输的初始数据首先从传输网络的应用层开始，沿着 OSI 参考模型的 7 层逐层向下，直到物理层。在物理层上，传输系统将数据发送到接收系统。接收系统从它的物理层获取传输数据，然后向上逐层处理，直到最高的应用层。

在 OSI 参考模型任意层次上由不同协议提供的服务并不是多余的。例如，如果某层上的一个网络协议提供了一种服务，则不会有其他层的协议提供与之完全相同的服务。不同层次的协议可能有目标类似的功能，但它们会以不同的方式来实现。

发送和接收计算机相同层上的网络协议是相互配合的。例如，发送系统在第 7 层的某个协议是负责对传输数据进行加密的，那么往往在接收系统的第 7 层有着相应的网络协议，负责对网络数据进行解密。

OSI 参考模型中的每一层只能与其相邻的上层和下层进行通信。例如，第 2 层只能从第 1 层与第 3 层发送或接收数据。

2. 数据封装

OSI 参考模型不同层次上的协议在数据封装的帮助下进行信息传输。协议栈中的每层协议都负责在传输数据上增加一个协议头部或尾部，其中包含了使协栈之间能够进行通信的额外信息。例如，当传输层从会话层接收数据时，它会在将数据传递到下一层之前，增加自己的头部信息数据。

数据封装过程将创建一个协议数据单元（PDU），其中包括正在发送的网络数据，以及所有增加的头部与尾部协议信息。随着网络数据沿着 OSI 参考模型向下传输，PDU 逐渐变化和增长，各层协议均将其头部和尾部信息添加进去，到物理层时达到其最终的形式，并发送给接收计算机。接收计算机收到 PDU 后，沿着 OSI 参考模型向上处理，逐层剥去协议头部和尾部，当 PDU 达到 OSI 参考模型的最上层时，将只剩下原始传输数据。

8.1.3.2　网络封包分析工具 Wireshark（Tshark/Pyshark）与 Tcpdump

1．Wireshark（Tshark/Pyshark）简介

Wireshark（以前被称为 Ethereal）是一个网络封包分析软件。网络封包分析软件的功能是抓取网络封包，并尽可能显示最详细的网络封包资料。Wireshark 以WinPcap 作为接口，直接与网卡进行数据包交换。

Wireshark 用途广泛，网络管理员使用 Wireshark 来检测网络问题，网络安全工程师使用 Wireshark 来检查信息安全相关问题，开发者使用 Wireshark 来为新的通信协定除错，普通用户使用 Wireshark 来学习网络协定的相关知识。

Tshark 为 Wireshark 的命令行工具，方便通过编程语言调用。而 Pyshark 实质上是一款针对 Tshark 的 Python WinPcap 封装器，在 Pyshark 的帮助下，研究人员可以使用 Wireshark 的解析器来进行 Python 数据包解析。

2．Tcpdump for Android 简介

抓取移动设备的流量主要有两种思路：其一，在与该移动设备相连的上层网络设备上抓取流量；其二，在移动设备上抓取流量。而 Tcpdump for Android 就是对应第二种思路的封包分析工具。其基本使用方法与 Tshark 类似，但是对移动设备的要求很高，要求移动设备具备完全的 root 权限。

我们可以使用 Tcpdump for Android 和 ADB 实现基于移动设备的流量抓取。

3．数据包嗅探工作原理

数据包嗅探过程中涉及软件与硬件之间的协作。这个过程可以分为 3 个步骤。

（1）收集。在收集之前设置好网卡模式，使用混杂模式进行数据包的抓取，系统将对一个网段上的往返网络通信流量进行抓取，而不仅仅是发送网卡的数据。此步骤下抓取的网络流量为二进制形式。

（2）转换。将收集阶段抓取的二进制数据转换成可读形式，此时网络上的数据包将以一种非常基础的解析方式显示，而大部分的分析工作交由用户处理。

（3）分析。对抓取和转换后的数据进行深入分析。数据包嗅探器以抓取的网络数据为输入，识别和验证它们的协议，然后开始分析每个协议特定的属性。

8.2　匿名流量抓取实验

8.2.1　实验概述

实验目的如下。

（1）了解控制浏览器的原理，利用 Python 语言以及 Selenium WebDriver 驱动计算机浏览器自动化访问网页，利用 ADB 驱动手机浏览器自动化访问网页，为批量生成数据做准备。

（2）了解多种抓包工具的基本原理，学习其使用方法。

（3）使用流量分析工具分析处理流量文件。

实验资源如下。

（1）硬件资源：一台计算机。

（2）软件资源：Windows10 操作系统，Python3.7 及以上版本，Selenium WebDriver（本实验使用 Geckodriver v0.24.0），Firefox v70.0.1 浏览器，Visual Studio Code 最新版本，Wireshark，Tshark，Pyshark Python 库。

8.2.2　实验步骤

为了实现批量抓取网页对应的匿名流量，需要实现两种功能：一是批量访问网页，二是记录这一过程中生成的流量。

8.2.2.1　使用 Selenium WebDriver 完成网页自动化访问

不同的浏览器对应不同的 WebDriver，具体如下。

（1）Firefox 浏览器驱动：GeckoDriver。

（2）Chrome 浏览器驱动：ChromeDriver。

（3）IE 浏览器驱动：IEDriverServer。

（4）Edge 浏览器驱动：MicrosoftWebDriver。

（5）Opera 浏览器驱动：OperaDriver。

（6）PhantomJS 浏览器驱动：PhantomJS。

本节以 Firefox 浏览器为例说明其对应的 WebDriver 的设置方法。我们需要使用 GeckoDriver 驱动 Firefox 浏览器。

根据浏览器选定 WebDriver 型号及版本后，利用 Python 和 GeckoDriver 打开 Firefox 浏览器，打开 Python 编辑器，输入以下代码。

```
（1）from selenium import webdriver#浏览器驱动对象
（2）from selenium.webdriver.firefox.firefox_
profile import FirefoxProfile #用户的 Firefox 设置文件
```

（3）from selenium.webdriver.firefox.firefox_
binary import FirefoxBinary #用户的 Firefox 路径
（4）from selenium.webdriver.common.by import By
（5）from selenium.webdriver.common.keys import Keys
（6）from selenium.webdriver.support import expected_conditions as EC
（7）from selenium.webdriver.support.wait import WebDriverWait
（8）binary＝FirefoxBinary (r"D:\firefox\firefox.exe") #输入本机 Firefox
所在的位置
（9）profile - FirefoxProfile(r"C:\Users\11371\AppData\Roaming\
Mozilla\Firefox\Profiles\6i jmq4p5.default")
（10）browser-webdriver.Firefox(profile,binary)
（11）try:
（12）browser. get ('https: / / www. ***. com') #传入 URL，此时跳出浏览器，
访问某网站
（13）input = browser.find_element_by_id ('kw') #找出 id 为 kw 元素
（14）input.send_keys ('Python') #kw 中发送 Python
（15）input.send_keys (Keys.ENTER) #回车
（16）wait ＝WebDriverWait (browser, 10) #等待加载完成
（17）wait.until (EC.presence_of_element_located ((By.ID,'content_
left'))) #等待 content_left 加载完成
（18）print(browser.current_url)
（19）finally:
（20）browser.close ()

其中，binary 变量对应本地 Firefox 浏览器的位置，必须明确指定。

profile 变量对应用户设置信息的位置，可以选择性使用。

browser 变量对应打开的浏览器 Session，可以通过该变量控制浏览器执行相应的操作。

browser.get（URL）函数控制浏览器打开相应的网页。

browser.close()函数表示关闭浏览器。

这段代码可以达到打开 Firefox 浏览器、访问百度网页并搜索关键词"Python"以及关闭网页的目的，进一步的使用方法读者可以自己探索。

8.2.2.2　使用 Tshark 抓取流量

Tshark 是 Wireshark 的命令行工具，本节学习使用 Python 语言和 Tshark 抓取流量。

1. Tshark 命令及常用选项

基本语法如下：

```
tshark [ -a <capture autostop condition> ] ... [ -b <capture ring
buffer option>] ... [ -B <capture buffer size (Win32 only)> ] [ -c
<capture packet count> ] [ -d <layer type>==<selector>, <decode-as
```

```
protocol> ] [ -D ] [ -f <capture filter> ] [ -F <file format> ] [ -h ]
[ -i<capture interface>|- ] [ -l ] [ -L ] [ -n ] [ -N <name resolving
flags> ] [ -o <preference setting> ] ... [ -p ] [ -q ] [ -r <infile> ]
[ -R <read (display) filter> ] [ -s <capture snaplen> ] [ -S ] [ -t
ad|a|r|d ] [ -T pdml|psml|ps|text ] [ -v ] [ -V ] [ -w <outfile>|- ]
[ -x ] [ -X <eXtension option>] [ -y <capture link type> ] [ -z <statist
ics> ].
```

主要参数分类及其含义如下。

（1）抓包接口类

-i：设置抓包的网络接口，不设置则默认第一个非自环接口为抓包接口。

-D：列出当前存在的网络接口。在不了解 OS 所控制的网络设备时，一般先用"tshark -D"查看网络接口的编号以供-i 参数使用。

-f：设定抓包过滤表达式。抓包过滤表达式的格式与 Tcpdump 相同。

-s：设置每个抓包的大小，默认值为 65 535，多出的数据将不会被程序记入内存、写入文件。这个参数相当于 Tcpdump 的-s，Tcpdump 默认抓包的大小仅为 68。

-p：设置网络接口以非混合模式工作，即只关心和本机有关的流量。

-B：设置内核缓冲区大小，仅对 Windows 系统有效。

-y：设置抓包的数据链路层协议，默认设置为-L 找到的第一个协议，局域网一般是 EN10MB 等。

-L：列出本机支持的数据链路层协议，供-y 参数使用。

（2）抓包停止条件

-c：抓取的 Packet 数，在处理一定数量的 Packet 后，停止抓取，退出程序。

-a：设置 Tshark 抓包停止向文件书写的条件，即 Tshark 在正常启动之后停止工作并返回的条件。条件写为 test:value 的形式，例如，"-a duration:5"表示 Tshark 启动后在 5 s 内抓包然后停止，"-a filesize:10"表示 Tshark 在输出文件达到 10 KB 后停止，" -a files:n"表示 Tshark 在写满 *n* 个文件后停止。Windows 版的 Tshark0.99.3 中"-a files:n"不起作用，因为会有无数个文件生成。由于-b 参数有自己的 files 参数，所谓"和-b 的其他参数结合使用"无从说起。这也许是一个缺陷，或 Tshark 的说明页的书写有误。

（3）文件输出控制

-b：设置 ring buffer 文件参数。ring buffer 的文件名由-w 参数决定。-b 参数采用 test:value 的形式书写。"-b duration:5"表示每 5 s 写下一个 ring buffer 文件；"-b filesize:5"表示每达到 5 KB 写下一个 ring buffer 文件；"-b files:7"表示 ring buffer 文件最多 7 个，周而复始地使用。如果这个参数不设定，Tshark 会将磁盘写满为止。

（4）文件输入

-r：设置 Tshark 分析的输入文件。Tshark 既可以抓取分析即时的网络流量，又可以分析 dump 在文件中的数据。-r 不能设置为命名管道和标准输入。

（5）处理类

-R：设置读取（显示）过滤表达式。不符合此表达式的流量不会被写入文件。注意，读取（显示）过滤表达式的语法和底层相关的抓包过滤表达式语法不同，它的语法表达要丰富得多。类似于抓包过滤表达式，在使用命令行时最好引用它们。

-n：禁止所有地址名字解析（默认设置为允许所有）。

-N：启用某一层的地址名字解析。m 代表 MAC 层，n 代表网络层，t 代表传输层，C 代表当前异步 DNS 查找。如果-n 和-N 参数同时存在，-n 将被忽略。如果-n 和-N 参数都不存在，则默认打开所有地址名字解析。

-d：将指定的数据按有关协议解包输出。如要将 tcp 8888 端口的流量按 http 解包，应该写为"-d tcp.port==8888,http"。

（6）输出类

-w：设置 raw 数据的输出文件。如果这个参数未设置，Tshark 将把解码结果输出到 stdout。"-w-"表示把 raw 数据输出到 stdout。如果要把解码结果输出到文件，使用重定向">"而不使用-w 参数。

-F：设置输出 raw 数据的格式，默认为 libpcap。"tshark -F"会列出所有支持的 raw 格式。

-V：设置将解码结果的细节输出，否则解码结果仅显示一个 packet 一行的 summary。

-x：设置在解码输出结果中，每个 packet 后面以 HEX dump 的方式显示具体数据。

-T：设置解码结果输出的格式，包括 text、ps、psml 和 pdml，默认为 text。

-t：设置解码结果的时间格式。"ad"表示带日期的绝对时间，"a"表示不带日期的绝对时间，"r"表示从第一个包到现在的相对时间，"d"表示两个相邻包之间的增量时间（Delta）。

-S：在向 raw 文件输出的同时，将解码结果打印到控制台。

-l：在处理每个包时即时刷新输出。

-X：扩展项。

-q：设置安静的 stdout 输出（例如做统计时）

-z：设置统计参数。

（7）其他

-h：显示命令行帮助。

-v：显示 Tshark 的版本信息。

-o：重载选项。

2．Python 控制 Tshark 抓取流量

首先，找到 tshark.exe 所在的目录，一般是 Wireshark 的安装目录，将该目录添加到系统环境变量 path 中，使 tshark.exe 可以被访问。

然后，找到当前工作的网络适配器，具体步骤如下：通过快捷键"win+r"打开运行窗口，输入"cmd"打开命令行，输入"ipconfig"得到网络适配器的信息，如图 8.3 所示。

图 8.3　网络适配器信息

在此我们需要抓包的网口是 WLAN，如果是其他网口在工作，应该结合实际情况修改代码。

打开 Python 编辑器输入下列代码。

```
（1）import subprocess
（2）import time
（3）import os
（4）4.#打开 Tshark 抓流量
（5）Print("打开抓包程序")
（6）#利用 subprocess 执行抓包命令，获得进程对象
（7）process = subprocess.Popen
("tshark -i WLAN-f tcp-w C:/Users/11371/Desktop/1. pcap")
（8）#获取 Tshark 的进程 ID，方便结束进程
（9）pid_tshark = process.pid
（10）#休眠 10 秒，抓取数据包
（11）time.sleep(10)
（12）#利用已知的进程卫结束抓包进程
（13）os.popen("taskkill /f /pid" + str(pid_tshark))
（14）print("抓包结束")
```

抓取流量的命令是"tshark -i WLAN -f tcp -w C：/Users/11371/Desktop/1.pcap"，其中，-i 指定抓包的接口，-f 指定只抓取 tcp 流量，-w 指定保存文件的位置以及文件的名字和格式。我们使用 Subprocess 的 Popen 函数执行命令控制 Tshark 抓取流量，这样做的好处是可以获取该进程的对象，并进一步获取其进程 ID。网页加

载完毕后，可以通过终止该进程来停止抓包工具的运行。

8.2.2.3 获取匿名流量

1. 设置 Windows 客户端

首先，下载 Tor 程序和 Vidalia 客户端。Vidalia 是 Tor 的重要设置工具，在 Windows 平台以及 Linux 平台都可以实现 Tor 洋葱代理、洋葱路由节点、隐藏服务的设置，还可以查看带宽情况、节点信息、链路信息、日志信息。

本节实验使用 Windows 平台下的 Vidalia 设置 Tor 客户端使其连接到私有云平台 CloudStack 下搭建的 Tor 网络。启动后单击"设定"，在"常规"选项中指定 Tor.exe 运行路径，在"高级"选项中选择 Tor 设置 Torrc 文件的路径并修改默认 Torrc 文件，主要修改 DirAuthority、DataDirectory、Nickname、TestingTorNetwork 等和数据目录存储路径。

Torrc 实例文件如下。

```
ControlPort 9151
DataDirectory F:/vidalia/Data/Tor
DIRPort 9030
DirAuthority 目录服务器 1 的别名 v3ident=密钥 1 目录服务器 1 的 IP:9047 密钥 2
DirAuthority 目录服务器 2 的别名 v3ident=密钥 1 目录服务器 2 的 IP:9047 密钥 2
DirAuthority 目录服务器 3 的别名 v3ident=密钥 1 目录服务器 3 的 IP:9047 密钥 2
DownloadExtraInfo 1
ExitPolicy reject *:*
GeoIPFile F:/vidalia/Data/Tor/geoip
GeoIPv6File F:/vidalia//Data/Tor/geoip6
HashedControlPassword 16:客户端验证密码，默认随机生成，修改生成方式见
Vidalia 主面板-设定-高级-验证
ClientOnionAuthDir F:/vidalia/Data/Tor/onion-auth
Log notice stdout
Nickname WinClient
ORPort 443
TestingTorNetwork 1
RelayBandwidthBurst 10485760
RelayBandwidthRate 5242880
SocksPort 9050
V3AuthoritativeDirectory 1
```

以上设置完成后保存并单击 Vidalia 主面板中的"启动 Tor"，等待一会儿就可以连接到所搭建的私有 Tor 网络上。从图 8.4 所示控制面板中可以查看 Tor 网络状态、检查消息日志和 Tor 网络性能等，在图 8.5 所示的 Tor 网络地图中可以看到该网络中的所有节点状态。

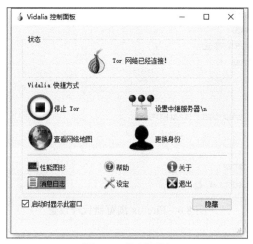

图 8.4　控制面板

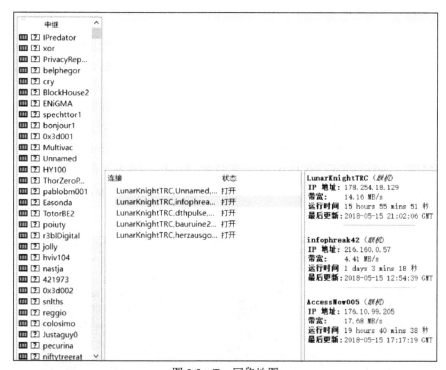

图 8.5　Tor 网络地图

Vidalia 成功连接 Tor 网络后，会根据 Torrc 文件在本地 9050 端口开启 Socks5 代理。任何从 9050 端口接收的流量都将使用 Tor 协议加密转发。本节实验以 Firefox 浏览器为例，打开浏览器"网络设置"界面，选择手动设置代理，输入 Socks5 主机号 127.0.0.1 和端口号 9050，其他不变，单击保存，如图 8.6 所示。

图 8.6　Firefox 浏览器代理设置

　　代理设置成功后打开浏览器，如果浏览网页成功，则表明 Windows 端成功使用 Tor 网络。

　　2．流量生成与抓取

　　本节实验在云平台模拟的 6 台虚拟节点构造的 Tor 网络上进行，在 Windows10 操作系统设置 Tor 代理，使用 Python 库 Selenium 调用 Firefox 驱动程序 GeckoDriver 控制浏览器自动访问网站，同时设置抓包进程进行流量抓取。不同的 Firefox 版本对应的驱动程序版本也不同，在浏览器应用程序菜单中找到帮助，单击"关于 Firefox"即可查看本地 Firefox 版本，如图 8.7 所示，通过查找版本映射表下载对应的 GeckoDriver 版本，如图 8.8 所示。本节实验采用的 Firefox 版本为 v90.0.2，查表发现 GeckoDriver v0.21.0 以上支持的 Firefox 版本上限为 n/a，故选择 GeckoDriver v0.21.0 以上的版本即可，这里选择 GeckoDriver v0.29.1。

图 8.7　本地 Firefox 版本

GeckoDriver	Selenium	Firefox	
		min	max
0.29.0	≥ 3.11 (3.14 Python)	60	n/a
0.28.0	≥ 3.11 (3.14 Python)	60	n/a
0.27.0	≥ 3.11 (3.14 Python)	60	n/a
0.26.0	≥ 3.11 (3.14 Python)	60	n/a
0.25.0	≥ 3.11 (3.14 Python)	57	n/a
0.24.0	≥ 3.11 (3.14 Python)	57	79
0.23.0	≥ 3.11 (3.14 Python)	57	79
0.22.0	≥ 3.11 (3.14 Python)	57	79
0.21.0	≥ 3.11 (3.14 Python)	57	79
0.20.1	3.5	55	62
0.20.0	3.5	55	62
0.19.1	3.5	55	62
0.19.0	3.5	55	62
0.18.0	3.4	55	62
0.17.0	3.4	55	62

图 8.8　版本映射表

将 GeckoDriver 直接存储在 Python 环境变量对应的文件夹下，如图 8.9 所示。

图 8.9　Python 环境变量文件夹

安装 Selenium Python 库：打开 Windows 命令行输入 "pip install selenium"，如图 8.10 所示。

图 8.10　Selenium Python 库安装

此时流量生成所需环境已经设置完毕，为了让 Python 可以抓取到生成的流量并保存到本地以供后续处理与识别，需要将网络协议分析工具 Tshark 的目录添加到系统环境变量 path 中，Tshark 是开源网络协议分析工具 Wireshark 的命令行版本，Wireshark 可对多达千余种网络协议进行解码分析。故首先需要安装 Wireshark，安装完成后将 Wireshark 安装目录添加到系统环境变量 path 中，如图 8.11 所示。

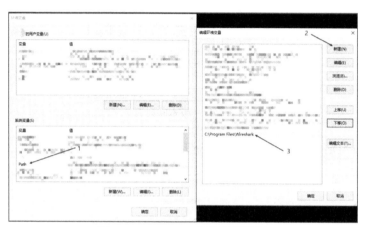

图 8.11　Wireshark 环境变量设置

此时我们既可以通过 Firefox 匿名访问云平台中的私有 Tor 网络，也可以通过 Python 调取驱动程序 GeckoDriver 控制 Firefox 自动访问网页，并通过 Tshark 命令行工具抓取访问网页时产生的数据包。接下来，我们整合上述步骤，使用一小段代码复现这些过程。在写代码前需要确定目标网站、数据包存储路径与抓取接口名称。本节实验的目标网站为 Alexa 中文网站排行前 50 个中随机选择的 11 个不同网站，包括百度、必应等，存储路径为 F:\Program_file\traffic，抓取接口为 WLAN，实验中每个网站访问 11 次，每次访问一个网站，每访问一个网站记录一条流量，每次访问持续 22 s，记录流量 25 s。最终收集匿名流量 996 MB。存储相应网页的文件夹如图 8.12 所示。

名称	修改日期	类型	大小
http___www_360_cn_	2021/8/11 17:38	文件夹	
http___www_baidu_com_	2021/8/11 18:21	文件夹	
http___www_bing_com_	2021/8/11 18:21	文件夹	
http___www_csdn_net_	2021/8/11 18:03	文件夹	
http___www_jd_com_	2021/8/11 17:46	文件夹	
http___www_qq_com_	2021/8/11 17:21	文件夹	
http___www_so_com_	2021/8/11 18:19	文件夹	
http___www_sohu_com_	2021/8/11 17:30	文件夹	
http___www_tianya_cn_	2021/8/11 18:11	文件夹	
http___www_tmall_com_	2021/8/11 17:12	文件夹	
http___www_xinhuanet_com_	2021/8/11 17:55	文件夹	

121 个文件，11 个文件夹

类型：　类型均为 文件夹
位置：　全部位于 F:\Program_file\traffic
大小：　996 MB (1,044,499,764 字节)
占用空间：　996 MB (1,044,754,432 字节)
属性：　□只读(R)　□隐藏(H)　　高级(D)...

图 8.12　存储相应网页的文件夹

存储匿名网页流量的文件夹如图 8.13 所示。

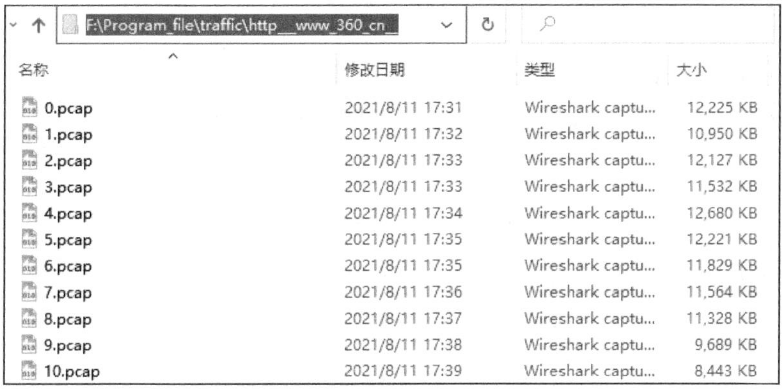

图 8.13　存储匿名网页流量的文件夹

代码实现如下。

```
（1）import time
（2）import os  # 引入 OS 库控制 Tshark 抓包
（3）# 为打开 Firefox 而引入
（4）from selenium import webdriver
（5）from selenium.webdriver.firefox.firefox_profile import
FirefoxProfile
（6）from selenium.webdriver.firefox.firefox_binary import
FirefoxBinary
（7）import threading  # 引入线程解决 Selenium 中 get 函数阻塞程序的问题
（8）import subprocess  # 引入子线程处理 Tshark 关闭的问题
（9）webpage_list = [***]  # 定义需要访问的网页
（10）pcap_dir = r"./traffic"
（11）rounds = 11  # 定义每个网页需要访问的次数
webpage_list_filename = [url_i.replace("://", "___").replace("/",
"__").replace(".", "_")
    for url_i in  webpage_list]  # 将网页名字转换成文件名
（12）# 根据计算机上 Firefox 的安装位置确定 FirefoxBinary 函数的参数,并将
FirefoxBinary 函数的返回值命名为 binary
（13）binary = FirefoxBinary(r"请更换成本地路径")
（14）profile = FirefoxProfile(r"请更换成本地路径")
（15）# 定义并创建存储网页文件夹的文件夹 pcap_dir,并在该文件夹下创建网页对应
的文件夹
（16）if not os.path.exists(pcap_dir):  # 文件夹不存在
（17）    os.mkdir(pcap_dir)
（18）    for pcap_dir_name_i in webpage_list_filename:
```

```
（19）          dir = os.path.join(pcap_dir, pcap_dir_name_i)
（20）          print(dir)
（21）          os.mkdir(dir)
（22）# 按照网页抓取流量
（23）for webpage_i in range(len(webpage_list)):
（24）    for round_i in range(rounds): # 每个网页抓取 11 次
（25）#使用 webdriver.Firefox()函数打开 firefox 浏览器并将其返回值命名为
driver
（26）          driver = webdriver.Firefox(profile, binary)
（27）          # 每个网页的访问时间只有 22 s，如果网页加载时间超过 22 s 就会阻
塞后续代码的运行，因此设置加载 22 s 后抛出异常
（28）          driver.set_page_load_timeout(22)
（29）          driver.set_script_timeout(22)
（30）          # 打开 Tshark 程序需要一定的时间，因此先打开 Tshark，在运行一段时间后
访问网页
（31）          process = subprocess.Popen(
                  "tshark -i WLAN -f tcp -w " + pcap_dir.strip() +
"/" + webpage_list_filename[webpage_i].strip() + "/" + str(
                  round_i) + ".pcap")
（32）          pid_tshark = process.pid  # 获取 Tshark 的进程号，方便后面
关闭
（33）          time.sleep(10)  # 休眠 10 s 等待抓包程序开启
（34）          t = threading.Thread(target=driver.get, args=(webpag
e_list[webpage_i],)).start()
    # 使用线程打开网页避免阻塞后续的代码
（35）          time.sleep(22)  # 休眠 22 s 等待网页加载结束
（36）          driver.close()
（37）          time.sleep(3)  # 休眠 3 s 等待抓包程序将数据完全写入文件
（38）          os.popen("taskkill /f /pid " + str(pid_tshark))  # 关
闭 tshark 对应的线程，停止抓包
（39）          time.sleep(1)  # 休眠 1 s 后开启下一轮
```

3. Linux 系统下流量生成与抓取

Linux 平台连接到的私有云平台 CloudStack 下搭建的 Tor 网络与 Windows 平台类似。首先安装 Tor 并修改默认 Torrc 文件，主要修改 DirAuthority、address DataDirectory、Nickname、TestingTorNetwork 等。接着查找版本映射表安装对应的 GeckoDriver，最后安装抓包工具 Wireshark 与命令行工具 Tshark。具体软件安装步骤如下。

GeckoDriver 安装步骤如下。

（1）查看默认 Firefox 版本：firefox –version。

（2）通过查找版本映射表下载对应的 GeckoDriver 版本。

（3）将 geckodriver-v0.29.1-linux64.tar.gz 移动到 Linux 环境下，并解压，代码如下。

```
# tar -zxvfgeckodriver-v0.29.1-linux64.tar.gz
```

（4）把解压后当前目录下的 GeckoDriver 移动到/usr/local/bin 目录下，代码如下。

```
# mv geckodriver /usr/bin
```

（5）测试代码如下（不报错则说明正常）。

```
from selenium import webdriver
options = webdriver.FirefoxOptions()
options.add_argument('--headless')
driver = webdriver.Firefox(options=options)
driver.get('http://www.***.com/')
driver.close()
print('测试成功! ')
```

Wireshark 安装步骤如下。

（1）输入#sudo apt-get installwireshark，如果安装后出现图 8.14 所示的提示则选择< YES >，不出现则需要我们手动设置：输入#dpkg-reconfigure wireshark-common。

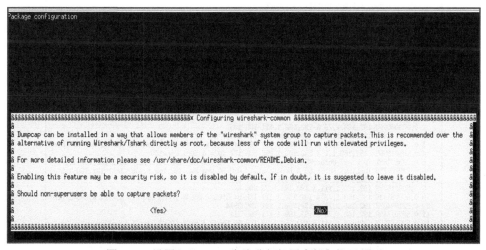

图 8.14 设置 Wireshark 允许非超级用户抓包提示界面

（2）这里为了方便当前用户直接使用 Wireshark，需要把当前用户加入 Wireshark 组中：在#sudo vim /etc/group 中找到 wireshark 组，把当前用户名加至最后，保存退出，如 Wireshark:x:123:当前用户名，就可以通过当前用户使用 Wireshark 工具了。Wireshark Linux 界面如图 8.15 所示。

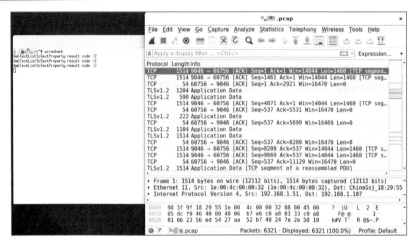

图 8.15　Wireshark Linux 界面

（3）Tshark 安装

代码如下。

```
sudo apt-get install -y tshark
```

具体如图 8.16 所示。

```
            :~$ sudo apt-get install -y tshark
Reading package lists... Done
Building dependency tree
Reading state information... Done
tshark is already the newest version (2.6.10-1~ubuntu18.04.0).
The following packages were automatically installed and are no longer required:
  libasprintf0v5 libbind9-140 libdns162 libgdbm3 libicu55 libisc160 libisccc140 libisccfg140
  liblwres141 linux-headers-4.4.0-131 linux-headers-4.4.0-131-generic linux-image-4.4.0-131-generic
  linux-image-extra-4.4.0-131-generic tcpd
Use 'sudo apt autoremove' to remove them.
0 upgraded, 0 newly installed, 0 to remove and 275 not upgraded.
            :~$ sudo tshark
Running as user "root" and group "root". This could be dangerous.
Capturing on 'ens3'
    1 0.000000000 192.168.1.73 â 192.168.1.111 VNC 195
    2 0.004142492 192.168.1.111 â 192.168.1.73 VNC 64
    3 0.046564990 192.168.1.73 â 192.168.1.111 TCP 54 5901 â 55640 [ACK] Seq=142 Ack=11 Win=501 Len=0
    4 0.163018965 192.168.1.1 â 192.168.1.255 UDP 177 1024 â 5001 Len=135
    5 0.279602691 Tp-LinkT_8c:5c:65 â Broadcast     ARP 60 Who has 192.168.1.89? Tell 192.168.1.1
    6 0.279730758 Tp-LinkT_8c:5c:65 â Broadcast     ARP 60 Who has 192.168.1.109? Tell 192.168.1.1
    7 0.504225381 192.168.1.73 â 192.168.1.111 VNC 625
    8 0.508015739 192.168.1.111 â 192.168.1.73 VNC 64
    9 0.508031436 192.168.1.73 â 192.168.1.111 TCP 54 5901 â 55640 [ACK] Seq=713 Ack=21 Win=501 Len=0
   10 0.521984837 192.168.1.73 â 192.168.1.111 VNC 2974
   11 0.522013408 192.168.1.73 â 192.168.1.111 VNC 311
   12 0.525157127 192.168.1.111 â 192.168.1.73 TCP 60 55640 â 5901 [ACK] Seq=21 Ack=3890 Win=8223 Len
=0
   13 0.525711054 192.168.1.111 â 192.168.1.73 VNC 64
   14 0.528578427 AsrockIn_50:bf:cf â Broadcast     ARP 60 Who has 192.168.0.1? Tell 192.168.1.105
   15 0.566558918 192.168.1.73 â 192.168.1.111 TCP 54 5901 â 55640 [ACK] Seq=3890 Ack=31 Win=501 Len=
0
```

图 8.16　Tshark 命令行工具安装

其余步骤与 Windows 环境下的方法类似。

第 9 章
匿名流量特征提取

网络中的流量具有基础属性，如数据包大小、数据包长度、数据包总传输时间等，这些属性能够被提取出来作为机器学习模型训练的数据集，我们称这些流量属性为流量特征。分类器能够根据这些流量特征对流量进行判别，推断出其包含的流量信息，如流量所属用户、流量传输信息、IP 地址等网络敏感信息。用户能够通过 Tor 等匿名网络来掩盖这些常见的流量特征，阻碍分类器的识别。但是经过某种规则的混淆，匿名流量同样具有某种特征，能够基于此特征来区分不同的匿名流量。本章将介绍匿名流量特征的提取过程以及相关概念。

9.1 理论基础

9.1.1 属性特征

人们在描述某个事物时，通常基于事物的属性，如杯子的大小、重量、颜色等。这些描述一个对象某些特点的属性被称为特征，而属性所对应的一个测量值被称为属性值或特征值。这些事物具有的或预先定义的特征值可以作为输入提供给机器学习模型。属性值主要分为数值属性和非数值属性。数值属性虽然有时也被称为连续属性，但由于其可能为整数值，因此其在数学层面上并不是连续的。非数值属性有时候也被称为分类属性，它是从一个根据实际情况提前定义好的有限值集合中取值的。在某些情况下，人们还会把属性详细地分为标称属性、序数属性、布尔属性等。

标称属性的每个值代表某种类别、编码或状态，通常是一些符号或实际物品的名称，因此又被视为分类型的属性。这些值不必具有有意义的顺序，并且不是定量的。例如，在天气数据中，通常存在 3 种属性状态：sunny、overcast、rainy。它们之间没有隐含任何关系，如顺序或距离度量。把值进行相加或者相乘，或者比较它们的大小也是没有意义的。使用这类属性的规则只能测试是否相等。如

```
outlook{ sunny:no,
overcast:yes,
rainy:yes}
```

序数属性的值之间具有有意义的顺序或秩评定,但相邻值之间的差是未知的。例如,某咖啡店的咖啡杯具有大、中、小 3 个可能值,它们是有序的,为了方便,可以把它们看成:large, medium, small,并且 large >medium>small。

尽管在两个值之间进行比较是有意义的,但是将它们相加或者相减没有意义。例如,large 和 medium 之间的差异不能和 medium 和 small 之间的差异进行比较。

注意,标称属性和序数属性之间的差异并不总是那么明显。实际上,上述标称属性的示例 outlook 也可能被视为序数属性,认为 3 个属性值之间确实存在顺序关系,overcast 是介于 sunny 和 rainy 之间的值,它是天气由好转坏的一个过渡阶段。

布尔属性属于标称属性的二分值的特例,它只有两个值,也称为二元属性,其两个类别或状态通常表示为 true 和 false,或者 yes 和 no 的形式。

9.1.2 稀疏数据

大部分实例的很多属性值是 0。例如,记录顾客购物情况的购物车数据,不管购物清单有多大,顾客购买的商品通常只占超市所提供的一小部分。购物车数据记录了顾客所购买的每种商品的数量,其他商品的数量都是 0。数据文件可以看成一个由行和列分别表示顾客和超市所存储商品的矩阵,这个矩阵是稀疏矩阵,几乎所有的项都是 0。另一个例子出现在文本挖掘中,这里的实例是文档。而矩阵行和列分别表示文档和单词,用数字表示一个特定的单词在特定文档中出现的次数。由于大部分文档的词汇量并不大,因此矩阵的很多项也是 0。

明确地表示一个稀疏矩阵的每一项并不实际。下面按序表示每个属性值。

```
0, X, 0, 0, 0, 0, Y, 0, 0, 0, "class A"
0, 0, 0, W, 0, 0, 0, 0, 0, 0, "class B*"
```

另一种表示方法是将非空值属性用它的属性位置和值明确标出,如

```
{1 X, 6 Y, 10 "class A"}
{3 W, 10 "class B"}
```

收集每一个非空值属性的索引号(索引号从 0 开始)和属性值,并将每一个实例包含在大括号里。在属性-关系文件格式(ARFF)中,稀疏数据文件包含相同的@ relation 和@ attribute 标签,紧接着是一个@ data 行,但数据部分的表示方法不同,在大括号内用属性说明表示。注意省略的值都是 0,它们并不是"缺失"

值。如果存在一个未知值，则其必须用一个问号明确地表示。在实际应用中会遇到很多数据集包含缺失值或者不准确的数值等属性特征的情况，对于这些数据特征的处理，我们将在第 10 章进行详细介绍。接下来本章介绍如何针对匿名流量进行特征提取。

9.1.3　匿名流量特征

在匿名流量识别中，研究人员发现数据包的大小、频率和方向等属性特征可以有效地识别 Tor 匿名流量，但是包载荷的内容跟 Tor 协议没有任何关系，即一个随机加密的流量的内容具有与 Tor 的载荷同样的特征。因此，不同的特征对于协议识别有着重要的意义。特征是机器学习中的重要概念，对于同样的网络流量，可以从不同的维度提取各种特征。在匿名流量的分析过程中，人们往往根据网络流量具有的一些属性特征来识别用户访问的网站，例如，某个用户通过 Tor 在某个时刻访问了新浪网，就可以通过时间窗口内数据单元的个数确定流量模式，计算出监测的匿名流量与标签流量之间的相似性，如图 9.1 所示，从而描述该用户访问的网站是否与标签流量网站具有高度的相似性。

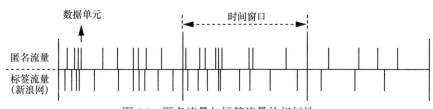

图 9.1　匿名流量与标签流量的相似性

在数学上，考虑用 x_1 表示包的大小，x_2 表示包的频率，把用户访问匿名网络的流量特征组合为一个特征向量（x_1, x_2）一般情况下，一个 n 维的特征向量可以表示为 $X=(x_1, x_2, \cdots, x_n)$。得到特征向量后，就可以将特征向量中的特征值在一个特征空间中表示，可以用特征空间中点和点的距离来衡量它们之间的相似程度。一般情况下，对于 n 维特征空间，可以使用特征值之间的距离 d 来表示不同网络流量之间的相似程度。例如，对于时间序列的数据包 $\{z_i\}_w$，相似度计算时，首先，确定时间窗口的大小 w，将流 z 按照时间窗口大小分割；然后，计算每一个时间窗口的包数量，构建一个时间序列包计数的向量；最后，通过相似度算法计算特征空间上不同特征向量之间的距离，从而衡量不同流量之间的相似度。

第 8 章抓取的匿名流量数据允许两种基本数据类型：数值型和非数值型。为了便于模型计算，非数值型需要进一步转化为数值型（具体方法详见第 10 章）。除了提取匿名流量直观属性特征之外，还需要通过直观特征归纳整理得到统计特征，具体如下。

（1）数据包数量：数据包的总数及传输过程中上行数据包的数量和下行数据包的数量。

（2）上行和下行数据包占总数据包的比例：上行和下行数据包的数量占数据包总数的比例。

（3）数据包排序：对于每个连续的上行和下行数据包，在序列中在其之前看到的数据包总数。包括上行数据包排序列表的标准偏差和上行数据包排序列表的平均值、下行数据包排序列表的标准偏差和下行数据包排序列表的平均值。

（4）上行数据包的密度：如数据包序列分成 20 个数据包的非重叠块，计算每个块中的上行数据包的数量；与整个块序列一起，提取块序列的标准偏差、平均值、中值和最大值。

（5）第 1 个和最后 30 个数据包中上行和下行数据包的密度：第 1 个数据包中上行和下行数据包的数量，最后 30 个数据包中下行和上行数据包的数量。

（6）每秒数据包的数量：每秒传输数据包数量的平均值、标准偏差、最小值、最大值、中值。

（7）可选密度特征：该特征的子集基于上行数据包特征列表的密度。上行数据包特征列表分成 20 个均匀大小的子集，并对每个子集求和。

（8）数据包到达时间间隔：对于总数据包、上行和下行数据包提取数据包之间的到达时间间隔列表。对于每个列表提取最大值、平均值、标准偏差和第三个四分位数。

（9）传输时间：对于总数据包、上行和下行数据包序列，提取第一、第二、第三个四分位数和总传输时间。

（10）每秒数据包可选数量的特征：对于每秒传输数据包数量的特征列表，创建 20 个均匀大小的子集并对每个子集求和。

在机器学习中，属性特征主要被分为表 9-1 所示 3 种类型。

表 9-1　属性特征类型

类型	对于学习任务的作用	影响
相关特征	有帮助	可以提升算法的效果
无关特征	没有任何帮助	不会给算法带来任何提升
冗余特征	不会带来新的信息	可以由其他特征派生

研究表明，下行数据包数量是信息量最大的特征。可以预期的是，因为不同的网页具有不同大小的资源，所以这些资源大小信息通过加密或匿名化很难隐藏。同样地，上行和下行数据包的数量占数据包总数的比例也提供了重要的信息，属于相关特征。最不重要的特征来自上行数据包列表的填充集，因为上行数据包列

表的原始集大小的不均匀，所以用 0 填充使大小一致。显然，如果大多数数据包序列都填充了相同的值，将提供一个较差的拆分标准，因此这是一个不重要的特征，属于冗余特征。

在匿名流量特征提取阶段，需要提取所采集数据的全部直观属性特征和统计特征，本章后续内容将详细描述特征提取的步骤。

9.2　匿名流量特征提取实验

9.2.1　实验概述

第 8 章我们采集匿名流量生成了 pcap 文件，为了通过机器学习的方法训练模型分析流量，需要提取 pcap 文件中的相关数据信息生成特征集。本章将介绍特征提取的相关概念、提取方法和实施过程。

实验目的如下。

（1）学习并掌握特征提取的相关基础知识。

（2）了解流量数据的特点，掌握属性特征和时序特征的提取方法。

（3）掌握属性特征矩阵和时序特征矩阵的生成方法。

实验资源如下。

（1）硬件资源：一台计算机。

（2）软件资源：匿名网络数据集。

9.2.2　实验步骤

对于流量数据的特征提取，我们主要提取流量的属性特征和时序特征。通过提取的流量特征生成特征矩阵，来描述流量实例的相关信息。特征矩阵作为检测模型的输入对象，提取的特征是否充分将直接影响检测模型的性能，因此，特征提取是流量分析的重要组成部分。本节我们结合实验，学习流量特征提取方法。

第 8 章我们学习了如何生成和抓取匿名流量，并将其保存为 pcap 文件。为了让机器学习算法更好地拟合抓取的匿名流量数据，我们首先需要将 pcap 文件中的信息转换为机器学习算法能够接受的形式，也就是使用多个属性来表示匿名流量样本；然后，从 pcap 文件中提取出更加有效的信息——特征集，使机器学习算法能够更好地区分不同的匿名网页流量。

为此我们首先学习如何解析 pcap 文件获取有用的信息，在此基础上学习应该选取什么属性来表示一个匿名流量样本。

9.2.2.1 使用 Pyshark 解析流量文件

当前常用的流量序列文件格式为.pcap，正确且高效地解读流量序列是获取流量中所含信息的关键途径。当前主要有两种解析流量序列的方式：使用具备用户操作界面的分析工具 Wireshark；使用 Pyshark 等 Python 库分析流量序列。

虽然 Wireshark 足够强大，可以满足绝大部分需求，但是在匿名流量分析领域，研究者往往需要对流量进行特殊处理和运算，得到能够代表网页的特征向量，因此 Wireshark 提供的自由度对于匿名流量分析而言是不足的。而 Pyshark 和 Scapy 等 Python 库恰好解决了这一个问题：Pyshark 和 Scapy 允许使用 Python 语言解析 pcap 文件，获取数据包信息，在很大程度上方便了科研人员进一步从流量序列中提取关键信息。

1. pcap 文件简介

pcap 文件是流量序列的常用文件，了解 pcap 的基本结构有助于我们了解流量解析方法。pcap 文件主要由两部分组成：Global Header，以及一个或多个 Packet，Packet 由 Packet Header 和 Packet Data 组成，Global Header 和 Packet Header 中有多个参数，如图 9.2 所示。

| Global Header | Packet Header | Packet Data | Packet Header | Packet Data | Packet Header | Packet Data | ... |

图 9.2　pcap 文件结构

（1）Global Header

共 24 B，pcap 文件，只有一个 Global Header，它定义了 pcap 文件的读取规则、最大存储长度等内容，主要字段如下。

Magic：长 4 B，标记文件开始，并用来识别文件和字节顺序。

Major：长 2 B，当前文件主要的版本号，一般为 0x0200。

Minor：长 2 B，当前文件次要的版本号，一般为 0x0400。

ThisZone：长 4 B，当地的标准时间。

SigFigs：长 4 B，时间戳的精度。

SnapLen：长 4 B，最大存储长度。

LinkType：长 4 B，链路类型。

（2）Packet Header

共 16 B，Packet Header 可以有多个，每个 Packet Header 后面会跟着一串 Packet Data，Packet Header 定义了 Packet Data 的长度和时间戳等信息。

Timestamp（High）：长 4 B，被抓取时间的高位，单位是 s。

Timestamp（Low）：长 4 B，被抓取时间的低位，单位是 ms。

Caplen：长 4 B，当前数据区的长度，即抓取的数据帧长度，其不包括 Packet

Header 本身的长度，单位是 B，由此可以得到下一个数据帧的位置。

Len：长 4 B，离线数据长度，即网络中实际数据帧的长度，一般不大于 Caplen，多数情况下和 Caplen 数值相等。

2. Pyshark 解析流量序列功能简介

由于 Pyshark 是 Tshark 的 Python 封包，因此 Pyshark 与 Tshark 同样功能强大，同样具备抓取流量序列和解析已抓取的流量序列的能力。

在命令行中输入 pip installpyshark 即可完成 Pyshark 的安装。

打开 Python 编辑器，输入下列代码即可打开位于相应地址的 pcap 文件，利用 Pyshark 进行流量序列读取。

```
(1) import pyshark
(2) traffic_trace = pyshark.FileCapture("C:/Users/11371/Desktop/
0.pcap")
```

通过命令 `print(traffic_trace.next())` 可以输出下一个数据包的相关信息，如图 9.3 所示。

```
Packet (Length: 609)
Layer ETH:
    Destination: f0:92:1c:eb:c4:70
    Address: f0:92:1c:eb:c4:70
    .... ..0. .... .... .... .... = LG bit: Globally unique address (factory default)
    .... ...0 .... .... .... .... = IG bit: Individual address (unicast)
    Source: 90:c7:d8:aa:0d:c0
    Type: IPv4 (0x0800)
    Address: 90:c7:d8:aa:0d:c0
    .... ..0. .... .... .... .... = LG bit: Globally unique address (factory default)
    .... ...0 .... .... .... .... = IG bit: Individual address (unicast)
Layer IP:
    0100 .... = Version: 4
    .... 0101 = Header Length: 20 bytes (5)
    Differentiated Services Field: 0x00 (DSCP: CS0, ECN: Not-ECT)
    0000 00.. = Differentiated Services Codepoint: Default (0)
    .... ..00 = Explicit Congestion Notification: Not ECN-Capable Transport (0)
    Total Length: 595
    Identification: 0x3874 (14452)
    Flags: 0x4000, Don't fragment
    0... .... .... .... = Reserved bit: Not set
    .1.. .... .... .... = Don't fragment: Set
    ..0. .... .... .... = More fragments: Not set
    ...0 0000 0000 0000 = Fragment offset: 0
    Time to live: 64
    Protocol: TCP (6)
    Header checksum: 0xef75 [validation disabled]
    Header checksum status: Unverified
    Source: 192.168.199.212
    Destination: 192.168.199.149
```

（a）数据包链路层和网络层信息

```
Layer TCP:
    Source Port: 40350
    Destination Port: 9046
    Stream index: 0
    TCP Segment Len: 543
    Sequence number: 1    (relative sequence number)
    Next sequence number: 544    (relative sequence number)
    Acknowledgment number: 1    (relative ack number)
    1000 .... = Header Length: 32 bytes (8)
    Flags: 0x018 (PSH, ACK)
    000. .... .... = Reserved: Not set
    ...0 .... .... = Nonce: Not set
    .... 0... .... = Congestion Window Reduced (CWR): Not set
    .... .0.. .... = ECN-Echo: Not set
    .... ..0. .... = Urgent: Not set
    .... ...1 .... = Acknowledgment: Set
    .... .... 1... = Push: Set
    .... .... .0.. = Reset: Not set
    .... .... ..0. = Syn: Not set
    .... .... ...0 = Fin: Not set
    TCP Flags: \xc2\xb7\xc2\xb7\xc2\xb7\xc2\xb7\xc2\xb7\xc2\xb7\xc2\xb7AP\xc2\xb7\xc2\xb7\xc2\xb7
    Window size value: 1032
    Calculated window size: 1032
    Window size scaling factor: -1 (unknown)
    Checksum: 0xe7b4 [unverified]
    Checksum Status: Unverified
    Urgent pointer: 0
    Options: (12 bytes), No-Operation (NOP), No-Operation (NOP), Timestamps
    TCP Option - No-Operation (NOP)
    Kind: No-Operation (1)
    TCP Option - Timestamps: TSval 6341124, TSecr 186100741
    Length: 10
    Timestamp value: 6341124
    Timestamp echo reply: 186100741
    SEQ/ACK analysis
```

（b）数据包传输层信息

图 9.3 数据包相关信息

由于 TLS 等加密技术的广泛使用，现阶段通过分析 Packet Data 字段获取的信息越来越少。因此当前流量分析技术主要分析 Packet Header 部分的信息。

从输出的数据包信息来看，Pyshark 按照网络分层的思想解析 Packet Header 部分。可以按层的名称获取对应层的信息。具体方法为获取的数据包对象[层名]，例如想获取 TLS 信息则使用：`print(traffic_trace.next()[“tls”])`，TLS 信息显示如图 9.4 所示。

```
Layer TLS:
    TLSv1.2 Record Layer: Application Data Protocol: Application Data
    Content Type: Application Data (23)
    Version: TLS 1.2 (0x0303)
    Length: 538
    Encrypted Application Data: 5db9ef6f3a592a7cdc8d569cef0d25d54e68b17b5954994c\xe2\x80\xa6
```

图 9.4　TLS 信息显示

还可以进一步获取该层某一字段的信息，如获取 TLS 记录的长度信息则使用 **get_field_by_showname** 函数：`print(traffic_trace.next()["tls"].get_field_by_showname("Length"))`。

但是需要注意的是，不是每一个数据包都有 TLS 层，因此，使用该方法时要注意异常处理，防止程序出错。

9.2.2.2　用特征集表示流量样本

我们无法直接将.pcap 格式的匿名流量样本交给机器学习模型训练，因此我们需要从匿名流量样本中提取能够很好地表示该样本的属性集（也称特征集）。

流量文件中记录了通信双方的通信过程，反映到现实，就是通信双方进行了一系列的数据包交换。对于匿名流量样本，很难从数据包的负载中提取有效信息，因此我们需要从数据包的元数据中提取信息，元数据包括数据包的大小、方向和到达时间间隔。如何用特征集有效地表示样本是一项依赖研究人员的专业知识并且非常具有挑战性的工作，需要研究人员对该领域有足够深入的了解。

以识别匿名网页流量为例，加载不同的网页时传输的数据量是不同的，因此传输数据的总量就是一个有效区分不同网页的特征；在加载不同网页时，浏览器与服务器之间传输数据包的上下行比例也是不同的，例如，网页 1 需要向服务器请求的文件数量多，而网页 2 需要向服务器上传的文件数量多，表现在流量上就是网页 1 接收的数据包比发送的数据包多，而网页 2 接收的数据包比发送的数据包少。此外，浏览器与服务器之间的交互过程也是值得关注的特征，也就是数据包方向组成的序列。实际上，上述特征已经足以令机器学习模型很好地区分不同的网页，我们将上述的特征组成一个特征集来表示匿名流量样本。

除此之外，研究者还提出了大量可以展现样本独特性的特征，具体如下。

Burst：向服务器连续发送的数据包。

Time：数据包到达间隔的最大值、均值、标准差和第三个四分位数。

N-gram：连续的数据包的长度，N 为连续数据包的数量，以 4 个数据包的流量序列<(l1,t1),(l2,t2),(l3,t3),(l4,t4)>为例，2-gram 为(l1,l2),(l2,l3),(l3,l4)。

Interval：两个相同方向的数据包之间传输的方向不同的数据包数量，使用前 300 个数据包来记录间隔的数量，分别记录发送数据包间隔和接收数据包间隔。

Packet distribution：将前 6 000 个数据包每 30 个数据包分为一组，共 200 组，并将每组数据包中向外发送的数据包作为特征，如果不足 200 个分组，则用 0 填充。

Packet per second：前 100 s 中每 1 s 传输的数据包数量，如果不足 100 s 则用 0 代替。

CUMUL：将浏览器发送的数据包的长度标记为负，将浏览器接收的数据包长度标记为正，每接收或者发出一个数据包则进行一次累加。最后从序列中等间距挑选出 100 个数值作为特征集。

UniquePktLen：数据包的特殊长度。

以数据包特殊长度为例，我们提取 uniquePktlen.pcap 文件中数据包的特殊长度，打开 pycharm 输入以下代码。

```
（1）import pyshark  # 导入 Python 的 Pyshark 库
（2）# 指定 pcap 文件的名字
（3）PcapFileName = r"D: \uuexp\main\after\AA\http_www_ymmfa_com_\
1. pcap"
（4）# 使用 Pyshark 的 FileCapture 打开 pcap 文件
（5）PcapFile = pyshark.FileCapture(PcapFileName)
（6）# 定义用于存储特殊数据包长度的列表
（7）UniquePacketLengthList = []
（8）# 遍历 pcap 文件，循环读取每一个数据包
（9）for Packet_i in PcapFile:
（10）    # 获取当前数据包的长度并转换为 int 形式
（11）    PacketLength = int(Packet_i['tcp'].len)
（12）    # 判断列表中是否存在该长度，若不存在就将其加入列表中
（13）    if PacketLength not in UniquePacketLengthList:
（14）        UniquePacketLengthList.append(PacketLength)
（15）# 查看列表长度
（16）print(len(UniquePacketLengthList))
（17）# 查看列表中的每一项
（18）print(UniquePacketLengthList)
```

运行上述代码可以看到输出的列表长度，以及列表中每一项的值，请读者自行尝试查看输出结果。同理，我们可以用类似的方法提取其他特征。

9.2.2.3　将提取的样本特征存储到文件中

当选取好特征并将其提取完毕，我们就需要将特征存储到文件中，以备后续使用。机器学习工具 Weka 提供的 ARFF 可以存储特征，并用于 Weka 中的机器学习算法训练。

ARFF 可以分为两个部分：头信息和数据信息。

（1）头信息包括对关系的声明和对属性的声明。

关系名称：用第一个有效行来定义，格式为：@relation<relation-name>。

属性声明：用一列以"@attribute"开头的命令表示，用来定义属性的名称和数据类型。格式为：@attribute <attribute-name><datatype>。其中，<datatype>可以是 Weka（version 3.2.1）包含的任意的数据形式，包括 numeric、<nominal-specification>（主要标注类别名称）、string 和 date [<date-format>]。

（2）数据信息即数据集中的数据，其中，"@data"标记单独占用一行，每个实例的数据各占一行。实例的每个属性值用逗号","相隔，缺失值用"?"表示，且不能省略。

以经典的鸢尾花分类为例，如图 9.5 所示。图 9.5 中，第 1～6 行为头信息，其中，第 1 行是关系名称 iris，第 2～6 行是属性声明，第 2～5 行是数值型的属性，第 6 行是数据类型。第 7～17 行为数据信息，其中，第 7 行为"@data"标记，表明以下都是数据；第 8～10 行是数据。

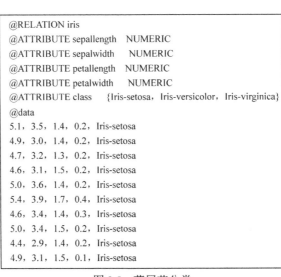

```
@RELATION iris
@ATTRIBUTE sepallength    NUMERIC
@ATTRIBUTE sepalwidth     NUMERIC
@ATTRIBUTE petallength    NUMERIC
@ATTRIBUTE petalwidth     NUMERIC
@ATTRIBUTE class    {Iris-setosa, Iris-versicolor, Iris-virginica}
@data
5.1，3.5，1.4，0.2，Iris-setosa
4.9，3.0，1.4，0.2，Iris-setosa
4.7，3.2，1.3，0.2，Iris-setosa
4.6，3.1，1.5，0.2，Iris-setosa
5.0，3.6，1.4，0.2，Iris-setosa
5.4，3.9，1.7，0.4，Iris-setosa
4.6，3.4，1.4，0.3，Iris-setosa
5.0，3.4，1.5，0.2，Iris-setosa
4.4，2.9，1.4，0.2，Iris-setosa
4.9，3.1，1.5，0.1，Iris-setosa
```

图 9.5　鸢尾花分类

9.2.2.4　提取流量的 CUMUL 特征并将其保存为 ARFF

在软件资源匿名流量数据集中包含 3 个网页所对应的真实匿名流量，其中，浏览器所在的机器的 IP 为 192.168.199.212。

我们需要定义以下函数实现从 pcap 文件到特征的转换。

函数 1：CumulFeatures（数据包列表 Packets，特征数量 featureCount）。其主要功能是接收从 pacp 文件中提取的数据包序列 Packets，并在此基础上生成 featureCount 个特征，并返回。

函数 2：PcapFileToFeature（匿名流量目录名字 dirName，源 IP 地址 sourceIP，特征数量 featureCount）。其主要功能是找出匿名流量目录 dirName 下所有的网页以及 pcap 文件，遍历每个 pcap 文件，读取其中的数据包信息，并生成 packets 列表；然后调用 CumulFeatures 函数并接收其返回的特征向量，将其保存到以网页名和流量特征向量列表为对应关系的 Python 字典中；最后返回该字典。

函数 3：FeatureToFile（匿名流量目录名字 dirName，特征数量 featureCount，源 IP 地址 sourceIP，特征文件名字 arffName）。其主要功能是调用 PcapFileToFeature 函数获得其返回的字典，从字典中获取特征向量和网页的对应关系，并按照 ARFF 将其写入文件中。

1. 函数 1 实现

输入　packets 列表，形如[-687，589，567，-354，…]。

返回　cumul 特征列表，形如[-687，-100，467，113，…]。

各值的计算方法如下。

Cum 列表的计算方法如下。

如果序列为 i 的数据包是接收到的，那么用 Cum 的第 $i-1$ 项加上第 i 个数据包的大小作为 Cum 第 i 项的值。

如果序列为 i 的数据包是向外发送的，那么用 Cum 的第 $i-1$ 项减去第 i 个数据包的大小作为 Cum 第 i 项的值。

由于我们预先定义的 packets 中已经携带了方向信息（用正负表示），因此直接累加即可。

其中 $i=0$ 时将 packets 列表中第一个元素作为 cum[0]的值。

Total 列表的计算方法如下。

用 total 的第 $i-1$ 项加上第 i 个数据包的大小作为 toal 第 i 项的值。

由于我们预先定义的 packets 中携带了方向信息（用正负表示），因此在累加之前需要取绝对值。其中 $i=0$ 时将 packets 列表中第一个元素的绝对值作为 total[0]的值。

核心代码如下。

```
（1） def CumulFeatures(packets, featureCount):
（2） features = []      #以列表的形式存储最终的特征集
（3）    total = []        #以列表的形式存储截至第 i 个数据包共传输了多少数据
（4）   cum = []
（5）    inSize = 0        #一共接收到多少数据(单位为 B)
（6）   outSize = 0        # 一共发送了多少数据(单位为 B)
（7）    inCount = 0       # 一共接收到多少个数据包
（8）   outCount = 0       # 一共发送了多少个数据包
```

（9）　　　　for packetsize in itertools.islice(packets, None):　　　　#
处理流量序列
（10）请在这里将for循环中的代码补充完整，for循环的目的是计算total，cum，
inSize，inCount，outCount的值
（11）　　　　# 在特征列表中添加相关信息
（12）　　　　features.append(inCount)
（13）　　　　features.append(outCount)
（14）　　　　features.append(outSize)
（15）　　　　features.append(inSize)
（16）　　　　''linspace函数首先计算出total[0]和total[-1]之间的
featureCount + 1个等值点
（17）　　　　　total相当于横坐标，cum相当于纵坐标，两个坐标一起确定一些离散的点
（18）　　　　　interp函数在这些等值点上，根据total和cum确定该点对应的值''
（19）　　　　cumFeatures = numpy.interp(numpy.linspace(total[0], tot
al[-1], featureCount + 1), total, cum)
（20）　　　　#将提取出的特征加入features中
（21）　　　　for el in itertools.islice(cumFeatures, 1, None):
（22）　　　　　　features.append(el)
（23）　　　#返回特征
（24）　　return features

2. 函数2实现

输入目录名dirname、源IP、特征数量。

返回网页名和特征向量列表相对应的字典，形如{"http____www_***_
com":[[特征向量1]，[特征向量2]，…，[特征向量n]]}。

各值的计算方法如下。

packetLengthList的计算方法如下。

读取 pcapFileOpened 文件中每个数据包的长度和方向信息，如果是 sourceIP
发给其他 IP 地址的数据包则将该数据包的长度乘以-1 后加入 packetLengthList，
否则将该数据包的长度直接加入 pcapFileOpened 中。

核心代码如下。

（1）def PcapFileToFeature(dirName,sourceIP,featureCount):
（2）　　#建立字典
（3）　　urlNameToTracesFeature={}
（4）　for urlName in os.listdir(dirName):
（5）　　　print(urlName)
（6）　　　for urlTraceName in os.listdir(dirName.strip()+urlNa
me.strip()):
（7）　　　　　print(dirName.strip()+urlName.strip()+"/"+urlTrac
eName.strip())

```
（8）            pcapFileOpened = pyshark.FileCapture(dirName.stri
p().strip()+urlName.strip()+"/"+urlTraceName.strip())
（9）            packetLengthList=[]
（10）              请在这里补充 packetLengthList 的计算过程
（11）            pcapFileOpened.close()
（12）             time.sleep(0.5)
（13）            features=CumulFeatures(packetLengthList, featureC
ount)
（14）            try:
（15）                urlNameToTracesFeature[urlName].append(featu
res)
（16）            except:
（17）                urlNameToTracesFeature[urlName]=[features]
（18）return urlNameToTracesFeature
```

3. 函数 3 实现

输入目录名 dirname、源 IP、特征数量、特征文件 arffdir。

输出匿名流量对应的特征文件。

核心代码如下。

```
（1）def FeatureToFile(dirName,sourceIP,featureCount,arffName):
（2）# 获得函数 2 返回的字典
（3）urlNameToTracesFeature = PcapFileToFeature(dirName, sourceIP,
featureCount)
（4）# 获取网页名列表
（5）urlNameList = list(urlNameToTracesFeature.keys())
（6）# 获取特征的数量
（7）featureLength = urlNameToTracesFeature[urlNameToTracesFeature.
keys()[0]][0].__len__()
（8）  # 打开 ARFF 文件
（9）arff_file = open(arffName, 'a')
```

使用上述代码处理第 8 章中抓取的匿名流量，生成的结果以 ARFF 文件存储，此时打开 F:\Program_file\feature 文件夹即可发现生成的 ARFF 文件。如图 9.6 所示。

图 9.6　生成的 ARFF 文件

使用 Weka 打开生成的 ARFF 文件即可查看特征值分布信息，如图 9.7 所示。

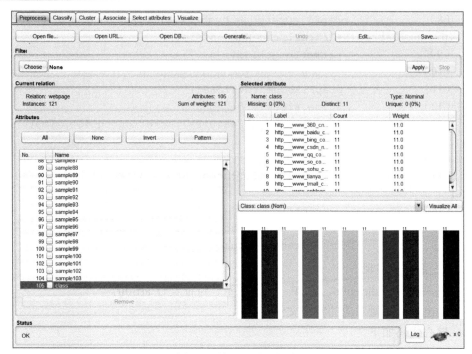

图 9.7　特征值分布信息

第 10 章
数据预处理与特征选择

从网络中收集到的流量数据是杂乱无章的，因此我们需要对数据进行一些预处理，才能将数据输入分类器进行训练。对数据进行针对性处理后得到的特征决定了机器学习能达到的性能上限，模型和算法则不断尝试尽量逼近这个上限，由此可见数据处理和特征选择的重要性。

10.1 理论基础

在做特征提取后，我们得到未经处理的匿名流量特征集，其中包含大量的无关特征和冗余特征，如果直接将全部的原始特征集作为输入训练模型，那么很容易导致训练模型失败、训练时间消耗过长或模型精度下降等问题。因此，需要选择相关特征作为模型的输入特征集，从而剔除无关特征和冗余特征，提高模型精度，缩短模型训练时间。特征选择的基本流程如图 10.1 所示。在机器学习中特征选择是十分重要的环节。

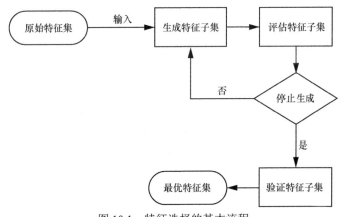

图 10.1 特征选择的基本流程

本章主要介绍常用的数据预处理和特征选择方法，从庞大的原始特征集中选择适合学习算法的最优特征子集，并在实验部分应用特征选择方法对提取的特征集进行简化。

10.1.1 数据预处理

采集的原始数据无法直接用于训练模型，为了更好地进行特征选择，需要先对原始数据集进行数据预处理。原始数据主要存在以下问题。

（1）数据存在缺失值。原始数据中，某些样本出现属性缺失的情况是十分常见的，若简单地丢弃那些缺失部分属性的样本，那么会极大地浪费数据信息。

（2）噪声。数据集中存在错误或异常的无意义数据，对模型训练会产生较大的干扰。

（3）数据冗余。冗余的数据会增加训练时间和模型复杂度，但模型性能并没有得到提升。

（4）数据的特征量纲不同。特征的量纲不同，就无法将特征放在一起进行比较，也就无法选择出更优的特征。

针对上述问题，可以使用无量纲化、缺失值计算等方法来解决，接下来我们逐一了解这些方法，为之后的实验做准备。

10.1.1.1 缺失值处理

由于获取的匿名流量数据来源广泛，导致了数据"不干净"，数据样本属性的缺失便是"不干净"的表现之一，缺失值出现的原因有很多，部分如下。

（1）数据无法获取。例如，某个网站的某个网页正在维护，那么我们就无法获取该网页的数据信息。

（2）数据遗漏。在数据收集过程中，可能出现设备故障、人为记录失误等情况，都可能造成部分数据的遗漏。

从数据缺失的分布来看，可以将缺失值分为以下几种。

（1）完全随机缺失（MCAR），指不依赖于任何不完全变量或完全变量，完全随机发生的数据缺失，不影响样本的无偏性。

（2）随机缺失（MAR），指不是完全随机发生的数据缺失，它们的出现依赖于其他完全变量。

（3）完全非随机缺失（MNAR），指与不完全变量自身有关的数据缺失。

此外，还可以将缺失值根据其属性分为以下 3 种。

（1）单值缺失，指所有的缺失值都是同一属性类型。

（2）任意缺失，指缺失值属于不同属性类型。

（3）单调缺失，指对于时间序列类的数据，可能存在随时间变化的数据缺失。

对于数据缺失值一般有如下两种处理方法。

（1）数据删除

当数据缺失值占比较小时，我们可以采用直接删除缺失值数据，从而得到一个完整的数据组，这是最原始也是最简单直接的方法。我们可以对数据进行赋权处理，使要删除的数据权重较小，完整的数据权重较大，这样在进行删除操作后，整体数据集的偏差也不会有很大的变化。

但是，数据删除方法不仅会造成数据资源的浪费，而且局限性很大。如果数据缺失的属性很多且分布随机，或者数据集本身就很小，那么要删除的数据的占比就会很大。这种情况下，数据删除方法不仅不能对数据集进行简化，反而会因数据不足而使模型精度下降甚至无法训练。

（2）数据补齐

根据原始数据集中其他对象的取值派生出统计数据，来填补缺失值，从而提高数据完备性。数据补齐方法分为以下 4 种。

① 人工填补。在数据集较小的情况下可以使用这种方法，根据数据收集要求和数据大致分布，人工将数据缺失值填补完成。

② 均值/众数填补。对于数值属性的缺失，我们可以使用其他对象中该属性取值的数学期望对缺失值进行填补；如果缺失值的属性为非数值的（即无法量化），则选取该属性在其他对象中取值次数最多的值（即众数）来对缺失值进行填补。

③ 热卡填补。在数据集中寻找与缺失属性相似的属性，利用相似属性在其对象中的取值对缺失值进行填补。

④ 多重填补。该填补方法包括如下 3 个步骤。

（a）为每个空值产生一套反映无响应模型不确定性的可能填补值，其中每个值都可以填补数据集中的缺失值，以此产生数个完整数据集。

（b）对得到的每个数据集均通过针对完整数据集的统计方法进行统计分析。

（c）使用评分函数对得到的多个结果进行选择，以此得到最终的填补值。

上述 4 种数据补齐方法中，人工填补和均值/众数填补最简单，但适用的数据集较少；热卡填补和多重填补效果较好，但计算较复杂。

10.1.1.2　无量纲化

训练集中有多个特征时，如果其中某个特征数量级较大，而其他特征数量级较小，那么最后的分类结果会被该特征所主导，从而弱化其他特征的影响，这是各个特征的量纲不同导致的。无量纲化方法可以使不同规格的数据转换成同一规格，常见的无量纲化方法有归一化和标准化。

1. 归一化

归一化是通过对原始数据进行线性变换，把数据映射到 [0,1]，变换函数为

$$x' = \frac{x - \min}{\max - \min} \tag{10.1}$$

其中，min 是样本中的最小值，max 是样本中的最大值。最大值和最小值非常容易受到异常点的影响，所以这种方法的稳健性较差，只适合传统的精确小数据场景，一般用于逻辑回归、支持向量机（SVM）、神经网络、随机梯度下降等。

2. 标准化

常用的标准化方法是 z-score 标准化。经过 z-score 标准化处理后的数据均值为 0，标准差为 1，且分布接近于标准正态分布，变换函数为

$$x' = \frac{x-u}{\sigma} \qquad (10.2)$$

其中，x 是原始数据，u 是样本均值，σ 是样本标准差。如果原始数据的分布不接近标准正态分布，则标准化的效果不好，因此该方法比较适合大数据量的场景，一般用于主成分分析（PCA），可加快收敛。

10.1.1.3　数据变换

数据变换指对数据进行标准化、离散化和泛化的操作，使原始属性以更抽象的方式表现，并且提高模型拟合程度。数据变换分为以下 3 种。

（1）数据标准化。将数据按比例缩放，使数据都落在一个特定的区间，即无量纲化方法。

（2）数据离散化。将连续的数据进行分段，使其变为一段段离散的区间。对数据进行离散化的原因如下。

① 学习算法需求。有些算法（如决策树算法）是基于离散数据训练的，因此需要将数据离散化。同时，有效的数据离散化能减少算法的时空开销，提高系统对样本的分类能力和抗噪声能力。

② 离散型特征相对于连续型特征更易理解，更接近知识层面的表达。

③ 可以有效地克服数据中隐藏的缺陷，使模型结果更加稳定。

将数据离散化的方法如下。

① 等宽法。将数据的属性值分为相同宽度的区间，区间个数 n 取决于数据点的状态。

② 等频法。将数据划分为 m 个区间，相同属性值的数据放入不同的区间，保证区间里的属性值基本一致。

③ 聚类离散化。通过聚类算法将连续属性值进行聚类，处理聚类之后得到的 k 个簇，每个簇有其对应的分类值。

（3）数据泛化。将数据抽象到更高的概念层，即用更抽象或更高层次的概念来取代低层次的数据对象。例如，人的年龄属性，可以泛化为少年、青年、中年、老年这种更高层次的概念。

10.1.1.4 定性特征哑编码

对于机器学习算法而言，数据输入只接受定量特征，因此定性特征是不能直接使用的。这个时候就需要利用定性特征哑编码方法将定性特征转化为定量特征，转化方法通常使用独热（One-Hot）编码。One-Hot 编码也称为一位有效编码，采用 n bit 表示 n 个状态，状态对应的位为 1，其余全为 0。

如图 10.2 所示，将 3 个单词 red、blue、white 转换为数字分别表示为 0、1、2，如果有 100 个单词，则数字最大为 100，如果将这些值输入模型中训练，数值大的数对模型的影响会很大。采用 One-Hot 编码能解决此问题，首先确定有多少个特征量，每个特征量都用一个向量表示，对应位为 1，其余全为 0，特征之间互斥，这样模型在训练过程中就不会受到分类值表示问题的负面影响。

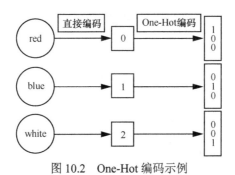

图 10.2 One-Hot 编码示例

10.1.2 特征选择

经过数据预处理，我们得到了符合学习算法训练要求的数据，但是数据特征依旧庞杂，直接输入模型效果并不好。因此我们需要通过特征选择，找出对模型具有训练价值的特征作为输入。

特征选择方法有 3 种，即过滤类、包装类和嵌入类，下面将详细介绍这 3 种方法。

10.1.2.1 过滤类特征选择

过滤类特征选择需要先对数据集中样本包含的特征进行选择，再用它们来训练模型，特征选择与模型训练过程相互独立。过滤类特征选择可分为 3 种方法，下面分别进行介绍。

1. 相关系数法

在统计学中，皮尔逊（Pearson）相关系数取值范围为 [-1, 1]。在相关研究领域中，该系数被广泛用于两个变量之间线性相关程度的度量。两个变量之间的 Pearson 相关系数定义为它们的协方差和标准差的商，式（10.3）为总体系数。

$$\rho_{X,Y} = \frac{\text{cov}(X,Y)}{\sigma_X \sigma_Y} = \frac{\text{E}[(X-\mu_X)(Y-\mu_Y)]}{\sigma_X \sigma_Y} \tag{10.3}$$

估算样本的协方差和标准差，可得样本的 Pearson 相关系数为

$$r = \frac{\sum_{i=1}^{n}(X_i - \bar{X})(Y_i - \bar{Y})}{\sqrt{\sum_{i=1}^{n}(X_i - \bar{X})^2}\sqrt{\sum_{i=1}^{n}(Y_i - \bar{Y})^2}} \qquad (10.4)$$

r 也可由 (X_i, Y_i) 样本点的标准分数均值计算，得到与式（10.4）等价的表达式为

$$r = \frac{1}{n-1}\sum_{i=1}^{n}\left(\frac{X_i - \bar{X}}{\sigma_X}\right)\left(\frac{Y_i - \bar{Y}}{\sigma_Y}\right) \qquad (10.5)$$

其中，$\dfrac{X_i - \bar{X}}{\sigma_X}$、$\bar{X}$ 和 σ_X 分别为样本 X_i 的标准分数、样本平均值和样本标准差。

基于上述的 Pearson 相关系数，我们可以计算每一个特征值与输出值的相关系数并设定一个阈值，选取相关系数大于阈值的特征。

2. 卡方检验

卡方检验是一种广泛用于计数资料的假设检验方法。它主要用于两个及两个以上样本率以及两个分类变量的关联性分析，属于非参数检验的范畴。其根本思想是比较理论值和实际值的拟合程度。

卡方检验是以 χ^2 分布为基础的一种常用假设检验方法。它首先提出实际值与理论值没有差别这一无效假设 H_0，以此为前提计算出 χ^2 来表示实际值与理论值之间的偏离程度。然后，根据 χ^2 分布及自由度，获得当前统计量及更极端情况的概率 P。若 P 值很小，则拒绝无效假设，因为此时的 P 值表明实际值与理论值存在较大的偏离程度；否则，不能拒绝无效假设。

χ^2 表示实际值与理论值之间的偏离程度，计算式为

$$\chi^2 = \sum_{i=1}^{k}\frac{(A_i - T_i)^2}{T_i} \qquad (10.6)$$

其中，A 为某个类别的实际值，T 为基于假设 H_0 计算出的理论值，$A-T$ 为残差，表示实际值和理论值的偏离程度。然而，由于残差的值有正有负，不能将残差简单地相加来表示各类别实际值与理论值的差别，因此可以将残差平方后求和。又由于计算得到的残差大小是一个相对的概念，因此将残差平方除以理论值再求和，以估计实际值与理论值的差别。

计算出卡方值之后，可以查询表 10-1 所示的卡方分布临界值表来确定假设 H_0 是否可靠。自由度 k 计算式为

$$k = (r-1)(c-1) \qquad (10.7)$$

其中，r 为表格行数，c 为列数。$P = 1 - \alpha$ 为置信度，表示以多大的概率接受假设，一般设置 $\alpha = 0.05$，即以 95% 的概率接受假设。

表 10-1　卡方分布临界值表

k	P										
	0.95	0.90	0.80	0.70	0.50	0.30	0.20	0.10	0.05	0.01	0.001
1	0.004	0.02	0.06	0.15	0.46	1.07	1.64	2.71	3.84	6.64	10.83
2	0.10	0.21	0.45	0.71	1.39	2.41	3.22	4.60	5.99	9.21	13.82
3	0.35	0.58	1.01	1.42	2.37	3.66	4.64	6.25	7.82	11.34	16.27
4	0.71	1.06	1.65	2.20	3.36	4.88	5.99	7.78	9.49	13.28	18.47
5	1.14	1.61	2.34	3.00	4.35	6.06	7.29	9.24	11.07	15.09	20.52
6	1.63	2.20	3.07	3.83	5.35	7.23	8.56	10.64	12.59	16.81	22.46
7	2.17	2.83	3.82	4.67	6.35	8.38	9.80	12.02	14.07	18.48	24.32
8	2.73	3.49	4.59	5.53	7.34	9.52	11.03	13.36	15.51	20.09	26.12
9	3.32	4.17	5.38	6.39	8.34	10.66	12.24	14.68	16.92	21.67	27.88
10	3.94	4.86	6.18	7.27	9.34	11.78	13.44	15.99	18.31	23.21	29.59

下面通过一个经典的四格卡方检验来描述卡方检验的过程。假设我们想知道运动人数与感冒人数的关系，根据运动人数和感冒人数绘制表 10-2。

表 10-2　运动人数与感冒人数的关系

分组	感冒人数	未感冒人数	合计	感冒率
运动组	43	96	139	30.94%
不运动组	28	84	112	25.00%
合计	71	180	251	28.29%

从表 10-2 中可以看到，运动组和不运动组的感冒人数有差别，那么有可能运动的确对感冒有影响，也有可能是样本误差所致。

我们可以用卡方检验来确定运动是否影响感冒，先假设运动对感冒没有影响，即两个变量相互独立。则有假设 H_0：运动对于感冒没有影响。

由表 10-2 可得，总体感冒率为 $71 \div 251 = 28.29\%$，因此理论四格表如表 10-3 所示。

表 10-3　理论四格表

分组	感冒人数	未感冒人数	合计
运动组	39.3231（139×0.2829）	99.6769（139×(1-0.2829)）	139
不运动组	31.6848（112×0.2829）	80.3152（112×(1-0.2829)）	112
合计	71	180	251

这样我们就得到了样本的实际值和理论值，由式（10.8）计算出卡方值为

$$\chi^2 = \sum \frac{(A-T)^2}{T} = \frac{(43-39.3231)^2}{39.3231} + \frac{(28-31.6848)^2}{31.6848} +$$

$$\frac{(96-99.6769)^2}{99.6769} + \frac{(84-80.3152)^2}{80.3152} = 1.077 \quad (10.8)$$

由式（10.7）可知，自由度 $k = (2-1) \times (2-1) = 1$。由 $k=1$ 和 $\alpha = 0.05$ 查询表 10-1，可得卡方分布临界值为 3.84，显然 $1.077 < 3.84$，即 χ^2 小于卡方分布的临界值，因此可以认为运动和感冒是相互独立的（此数据为假设数据，仅用于举例说明，不一定符合真实情况），接受假设 H_0。

上述便是卡方检验的基本原理和求解过程。在特征选择过程中，和相关系数法类似，我们对特征值与输出值进行卡方检验，卡方值越小，说明二者越相关，所以我们选取卡方值小的特征。

3. 互信息法

在信息论和概率论中，两个随机变量的互信息（MI）是变量间相互依赖性的度量。不同于相关系数，互信息并不局限于实值随机变量，它更加一般且决定了联合分布 $\rho(X,Y)$ 和分解的边缘分布的乘积 $\rho(X)\rho(Y)$ 的相似程度。因此我们也可使用互信息法来进行特征选择。

一般地，两个离散随机变量 X 和 Y 的互信息可以定义为

$$I(X;Y) = \sum_{y \in Y} \sum_{x \in X} \rho(x,y) \text{lb}\left(\frac{\rho(x,y)}{\rho(x)\rho(y)}\right) \quad (10.9)$$

其中，$\rho(x,y)$ 是 X 和 Y 的联合概率分布函数，$\rho(x)$ 和 $\rho(y)$ 分别是 x 和 y 的边缘概率分布函数。如果对数以 2 为基底，则互信息的单位是 bit。互信息是非负且对称的，即 $I(X;Y) = I(Y;X)$。

直观上，互信息度量 X 和 Y 共享的信息，即知道两个变量中的一个时，对另一个不确定度减少的程度。互信息是 X 和 Y 的联合分布与假定 X 和 Y 独立情况下的联合分布之间的内在依赖性。假设 X 和 Y 相互独立，则 $I(X;Y) = 0$。

互信息可以等价为 x 和 y 的熵表达式，即

$$I(X;Y) = H(X) - H(X|Y) = H(Y) - H(Y|X) = H(X,Y) - H(X|Y) - H(Y|X) \quad (10.10)$$

其中，$H(X)$ 和 $H(Y)$ 为边缘熵，$H(X|Y)$ 和 $H(Y|X)$ 为条件熵，$H(X,Y)$ 是 X 和 Y 的联合熵。

由式（10.10）可知，互信息越小，两个来自不同事件空间的随机变量之间的相关性越低；互信息越高，则相关性越高。

与相关系数法一样，我们对每个特征值都和输出值进行计算，设定一个阈值，

选取互信息大于阈值的特征。

10.1.2.2　包装类特征选择

包装类特征选择是从初始特征集合中不断选择特征子集来训练学习器，根据学习器的性能对子集进行评价，直到选择出最佳的子集。包装类特征选择是直接针对给定学习器进行优化，因此从学习器最终性能来看，包装类比过滤类特征选择方法要好，但是这也导致包装类特征选择计算开销较大。

1. LVW（Las Vegas wrapper）算法

在计算机运算中，拉斯维加斯算法是一种永远给出正确解的随机化算法，也就是说，它总是给出正确结果或返回失败。一旦用拉斯维加斯算法找到一个解，该解就一定是正确解。一个简单的例子是随机快速排序，它的中心点虽然是随机选择的，但排序结果永远一致。

以拉斯维加斯算法为核心的包装类特征选择算法就是 LVW 算法。LVW 算法使用随机策略来进行子集搜索，并以最终分类器的误差为特征子集评价准则。该算法描述如算法 10.1 所示。

算法 10.1　LVW 算法

输入　数据集 D，特征集 A，学习算法 φ，停止条件控制参数 T

输出　特征子集 A^*

1) $E = \infty, d = |A|, A^* = A, t = 0$

2) while $t < T$ do

3) 　　随机产生特征子集 A'

4) 　　$d' = |A'|$

5) 　　$E = \text{CrossValidation}(\varphi(D^{A'}))$

6) 　　if $E' < E \vee ((E' = E) \wedge (d' < d))$ then

7) 　　　　$t = 0, E = E', d = d', A^* = A$

8) 　　else

9) 　　　　$t = t + 1$

10) 　end if

11) end while

算法第 5)行使用交叉验证估计学习器 φ，即在特征集 A' 上的误差，如果此误差比在特征子集 A^* 上的误差小，或者误差相同但是 A' 所包含的特征数更少，则将 A' 保留。

需注意的是，LVW 算法中特征子集搜索采用了随机策略，导致每次特征子集评价都需训练学习器，带来大量的计算开销。因此算法设置了停止条件控制参数 T。然而，由于整个 LVW 算法仍然基于拉斯维加斯算法框架，若初始特征数量很多（即 $|A|$ 很大），并且将 T 设置为较大的数，仍可能会使算法运行很长时间都达不到设置的停止条件。但若对运行时间进行限制，则可能导致算法在规定的运行时

间内得不到解。

2. 递归消除特征（RFE）

还有一种包装类特征选择方法是递归消除特征。其基本思想是将全部特征纳入模型中，得到特征对应的系数（即权重），然后，将取值最小的系数平方和对应的特征从模型中消除，用剩下的特征进行模型训练，再进行特征消除，直到遍历所有的特征为止。

RFE 并没有统一的计算方法，它依赖的是特征权重计算所用的机器学习算法。随机森林（RF）、SVM 等分类算法可以很好地与 RFE 相结合，其中，经典算法是 SVM-RFE，即支持向量机的递归消除特征。

10.1.2.3　嵌入类特征选择

与过滤类特征选择和包装类特征选择不同，嵌入类特征选择没有将特征选择与学习器训练这两个主要过程独立开来，而是将它们在同一个优化过程中完成。

基于惩罚项的特征选择使用正则化技术进行特征的选择。在模型的损失函数里加入正则化项作为惩罚项，用来解决模型过拟合问题和进行特征选择。

损失函数是指用来评价模型的预测值和真实值的差异程度的函数。通常损失函数的值越小意味着模型性能越好。所谓的惩罚是指对损失函数中的某些参数做一些限制，提高模型的泛化性能并避免过拟合现象。常用的正则化有两种，L1 正则化和 L2 正则化，又称为 L1 范数和 L2 范数。

范数是具有"长度"概念的函数，在线性代数、泛函分析及相关的数学领域，是其为向量空间内的所有向量赋予非 0 的正长度或大小。向量范数表征向量空间的向量大小，以范数为度量。定义一般范数为

$$\|X\|_p = \sqrt[p]{\sum_i |x_i|^p} \tag{10.11}$$

其中，X 是一个向量。常用向量范数有 ℓ_1-范数、ℓ_2-范数、ℓ_∞-范数和 $\ell_{-\infty}$-范数。

（1）ℓ_1-范数：$\|X\|_1 = \sum_i |x_i|^1$，表示向量中所有元素的绝对值之和。

（2）ℓ_2-范数：$\|X\|_2 = \sqrt[2]{\sum_i |x_i|^2}$，即欧氏距离。

（3）ℓ_∞-范数：$\|X\|_\infty = \max_i |x_i|$，表示所有向量元素中的最大值。

（4）$\ell_{-\infty}$-范数：$\|X\|_{-\infty} = \min_i |x_i|$，表示所有向量元素中的最小值。

特别地，ℓ_0-范数表示向量中非 0 元素的个数。

给定一个数据集 $D = \{(x_1, y_1), (x_2, y_2), \cdots, (x_m, y_m)\}$，我们以最简单的线性回归为例，以平方误差为损失函数，则优化目标为

$$\min_{\omega} \sum_{i=1}^{m} (y_i - \boldsymbol{\omega}^{\mathrm{T}} x_i)^2 \tag{10.12}$$

式（10.11）是未引入正则化项的目标函数，为解决过拟合现象，我们引入 L2 正则化，则优化目标为

$$\min_{\omega} \sum_{i=1}^{m} (y_i - \boldsymbol{\omega}^{\mathrm{T}} x_i)^2 + \lambda \|\boldsymbol{\omega}\|_2^2 \tag{10.13}$$

其中，正则化参数 $\lambda > 0$。式（10.13）称为岭回归，引入 L2 正则化可以显著降低过拟合风险。

可以看到，在目标函数中添加一个正则化项，可以很好地提升算法性能。相应地，如果我们引入 L1 正则化，则优化目标为

$$\min_{\omega} \sum_{i=1}^{m} (y_i - \boldsymbol{\omega}^{\mathrm{T}} x_i)^2 + \lambda \|\boldsymbol{\omega}\|_1 \tag{10.14}$$

其中，正则化参数 $\lambda > 0$。式（10.14）称为最小绝对收缩和选择算子（LASSO）回归。

L1 正则化和 L2 正则化都可以用于防止过拟合，这两种正则化方法的区别在于 L1 正则化还可以使参数稀疏化（即向量 $\boldsymbol{\omega}$ 会有更多的 0 元素），即得到的参数是一个稀疏矩阵，可以用于特征选择。

式（10.14）可以等价为带约束条件的函数，假设有一个数 m，有

$$\begin{cases} \min_{\omega} \sum_{i=1}^{m} (y_i - \boldsymbol{\omega}^{\mathrm{T}} x_i)^2 \\ \mathrm{s.t.} \|\boldsymbol{\omega}\|_1 \leqslant m \end{cases} \tag{10.15}$$

设 L1 正则化损失函数为

$$J = J_0 + L \tag{10.16}$$

其中，J_0 为原始损失函数，即 $J_0 = \sum_{i=1}^{m} (y_i - \boldsymbol{\omega}^{\mathrm{T}} x_i)^2$，$L$ 为 L1 正则化，即 $L = \lambda \sum_{\omega} |\omega|$。

因为机器学习的任务就是求解损失函数的最小值，则由式（10.16）可知当前任务转变为在 L 的约束下求解 J 的最小值。

考虑在二维平面下求解 J 的最小值。这时有两个权值 ω_1 和 ω_2，则 $L = |\omega_1| + |\omega_2|$，我们可以得到 L1 正则化的函数 L，如图 10.3 所示。

图 10.3 中，椭圆形线是 J_0 的等值线，正方形表示 L 函数。J_0 等值线与 L 函数首次相交的地方就是最优解。这个交点为 $(\omega_1, \omega_2) = (0, \omega_2)$。可以直观得出，因

为 L 函数有很多突出的角（二维情况下有 4 个角，多维空间则有更多个角），J_0 与这些角接触的概率会远大于与 L 函数图形的其他区域接触的概率，而在这些角上，很多权值都等于 0，这就是 L1 正则化可以产生稀疏模型，进而可以用于特征选择的原因。

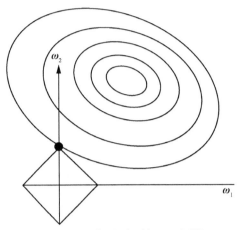

图 10.3　二维平面下的 L1 正则化

10.1.3　特征降维

机器学习中的数据降维是指采用某种映射方法，将原来高维空间中的数据点映射到低维空间。数据降维的本质是学习一个映射函数 $f : x \rightarrow y$，其中，x 是原始数据点的表达，通常使用向量表达；y 是数据点映射后的低维向量表达，通常 y 的维度小于 x 的维度。

数据降维的目的是便于训练模型和可视化，其更深层的目标在于从原始数据中提取有效信息，同时摒弃无用信息。数据降维可分为线性映射和非线性映射，这里我们只介绍线性映射中最常用的两种方法：主成分分析和线性判别分析（LDA）。

10.1.3.1　主成分分析

在多元统计分析中，主成分分析是一种统计分析、简化数据集的方法。它对一系列可能相关的变量的观测值进行正交变换，将它们投影为一系列线性不相关变量的值，这些不相关变量被称为主成分。具体地，主成分可以看作一个线性方程，其包含一系列线性系数来指示投影方向。PCA 经常用于在降低数据维度的同时，尽可能地保持那些低价特征。它对方差的贡献最大，往往能够保留住数据的最关键信息。

PCA 的数学定义是一个正交化线性变换，把数据变换到一个新的坐标系中，使这一数据的任何投影的第一大方差在第一个坐标（即第一主成分）上，第二大方差在第二个坐标（即第二主成分）上，以此类推。定义一个 $n \times m$ 的矩阵，$\boldsymbol{X}^{\mathrm{T}}$ 为去平均值（以平均值为中心移动至原点）的数据，$\boldsymbol{X}$ 的行对应样本数据，列对应样本的类别（注意，这里定义的是 $\boldsymbol{X}^{\mathrm{T}}$ 而不是 $\boldsymbol{X}$）。则 $\boldsymbol{X}$ 的奇异值分解（SVD）为 $\boldsymbol{X} = \boldsymbol{W}\boldsymbol{\Sigma}\boldsymbol{V}$，其中，$m \times m$ 维矩阵 $\boldsymbol{W}$ 是 $\boldsymbol{X}\boldsymbol{X}^{\mathrm{T}}$ 的特征向量矩阵，也称左奇异向量；$\boldsymbol{\Sigma}$ 是 $m \times n$ 维奇异值矩阵；$\boldsymbol{V}$ 是 $\boldsymbol{X}^{\mathrm{T}}\boldsymbol{X}$ 的 $n \times n$ 维特征向量矩阵，也称右奇异向量。因此有

$$\boldsymbol{Y}^{\mathrm{T}} = \boldsymbol{X}^{\mathrm{T}}\boldsymbol{W} = \boldsymbol{V}\boldsymbol{\Sigma}^{\mathrm{T}}\boldsymbol{W}^{\mathrm{T}}\boldsymbol{W} = \boldsymbol{V}\boldsymbol{\Sigma}^{\mathrm{T}} \tag{10.17}$$

当 $m < n-1$ 时，$\boldsymbol{V}$ 在通常情况下不是唯一的，而 $\boldsymbol{Y}$ 则是唯一的。$\boldsymbol{W}$ 是一个正交矩阵，$\boldsymbol{Y}^{\mathrm{T}}\boldsymbol{W}^{\mathrm{T}} = \boldsymbol{X}^{\mathrm{T}}$，且 $\boldsymbol{Y}^{\mathrm{T}}$ 的第一列由第一主成分组成，第二列由第二主成分组成，以此类推。

在数据降维过程中，PCA 的主要工作就是从原始空间中按顺序找出一组相互正交的新坐标轴，并且这些新坐标轴的选择与数据本身是密切相关的。其中，第一个新坐标轴为原始数据中方差最大的方向；第二个新坐标轴为与第一个坐标轴正交的平面中使方差最大的方向，第三个新坐标轴是与前两个坐标轴正交的平面中使方差最大的方向；以此类推，可以得到 n 个坐标轴。此时我们可以只保留基本包含主要方差的前 k 个坐标轴，放弃那些所含方差几乎为 0 的后 $n-k$ 个坐标轴。这就实现了数据的降维处理。

PCA 的关键就是计算样本集的协方差矩阵以及协方差矩阵的特征值所对应的特征向量矩阵 $\boldsymbol{P}$。

数学上样本 $\boldsymbol{X}$ 和样本 $\boldsymbol{Y}$ 的协方差公式为

$$\mathrm{Cov}(\boldsymbol{X}, \boldsymbol{Y}) = \mathrm{E}\left[(\boldsymbol{X} - \mathrm{E}(\boldsymbol{X}))(\boldsymbol{Y} - \mathrm{E}(\boldsymbol{Y}))\right] = \frac{1}{n-1}\sum_{i=1}^{n}(x_i - \bar{x})(y_i - \bar{y}) \tag{10.18}$$

协方差为正时，说明 $\boldsymbol{X}$ 和 $\boldsymbol{Y}$ 呈正相关关系；协方差为负时，说明 $\boldsymbol{X}$ 和 $\boldsymbol{Y}$ 呈负相关关系；协方差为 0 时，说明 $\boldsymbol{X}$ 和 $\boldsymbol{Y}$ 相互独立。对于三维空间，则协方差矩阵为

$$\mathrm{Cov}(\boldsymbol{X}, \boldsymbol{Y}, \boldsymbol{Z}) = \begin{bmatrix} \mathrm{cov}(x,x) & \mathrm{cov}(x,y) & \mathrm{cov}(x,z) \\ \mathrm{cov}(y,x) & \mathrm{cov}(y,y) & \mathrm{cov}(y,z) \\ \mathrm{cov}(z,x) & \mathrm{cov}(z,y) & \mathrm{cov}(z,z) \end{bmatrix}$$

将矩阵扩展为一个 $m \times n$ 维矩阵 $\boldsymbol{X}$，即有 m 行数据样本、n 个特征维度。计算矩阵 $\boldsymbol{X}$ 的协方差矩阵得

$$C = \frac{1}{m} X^{\mathrm{T}} X = \begin{bmatrix} \frac{1}{m}\sum_{i=1}^{m} x_1^i x_1^i & \cdots & \frac{1}{m}\sum_{i=1}^{m} x_1^i x_n^i \\ \vdots & & \vdots \\ \frac{1}{m}\sum_{i=1}^{m} x_n^i x_1^i & \cdots & \frac{1}{m}\sum_{i=1}^{m} x_n^i x_n^i \end{bmatrix} \tag{10.19}$$

矩阵 C 是一个 $n \times n$ 维对称矩阵，即 $C_{ij} = C_{ji}$，对角线是各个特征的方差。矩阵 C 是一个实对称矩阵，因此具备以下性质。

（1） C 的不同特征值对应的特征向量是正交的。

（2） C 的特征值都是实数，特征向量都是实向量。

（3） C 可对角化，且相似对角矩阵中对角线上的元素即矩阵本身特征值。

由以上性质我们可以得到 n 个线性无关的非零特征向量 $(e_1, e_2, \cdots, e_n)$，这些特征向量构成的特征矩阵 $P = (e_1, e_2, \cdots, e_n)$ 满足

$$P^{\mathrm{T}} C P = \Lambda = \begin{pmatrix} \lambda_1 & & \\ & \ddots & \\ & & \lambda_n \end{pmatrix} \tag{10.20}$$

矩阵 X 中可能存在大量的冗余数据，因此将矩阵 X 转换到另一个特征空间，得到一个新的矩阵 Z，在这个特征空间中各个特征是线性无关的，即各个特征向量是正交关系。根据新矩阵 Z 计算其协方差矩阵 D，矩阵 D 是一个对角矩阵，即

$$D = \frac{1}{m} Z^{\mathrm{T}} Z = \begin{bmatrix} \frac{1}{m}\sum_{i=1}^{m} z_1^i z_1^i & & \\ & \ddots & \\ & & \frac{1}{m}\sum_{i=1}^{m} z_n^i z_n^i \end{bmatrix} \tag{10.21}$$

将矩阵 D 中的特征值由大到小排列，求出对应的特征向量，然后选取其中的 k 个特征向量组成特征矩阵 P'，这就完成了降维。PCA 流程如算法 10.2 所示。

算法 10.2　PCA

输入　数据集 $D = \{x_1, x_2, \cdots, x_m\}$，低维空间维数 k。

输出　特征矩阵 $P = (e_1, e_2, \cdots, e_k)$

1) 对所有样本进行中心化 $x_i \leftarrow x_i - \frac{1}{m}\sum_{i=1}^{m} x_i$

2) 计算样本的协方差矩阵 $X^{\mathrm{T}} X$

3) 对协方差矩阵 $\boldsymbol{X}^{\mathrm{T}}\boldsymbol{X}$ 做奇异值分解

4) 取最大的 K 个特征值所对应的特征向量 $\boldsymbol{e}_1, \boldsymbol{e}_2, \cdots, \boldsymbol{e}_k$

除了计算矩阵之外，降维后通常在事先指定的 k 维（或不同 k 值）的低维空间中，对 K-近邻分类器（或其他开销较小的机器学习分类器）进行交叉验证来选取较合适的超参数。对于 PCA，还可从重构的角度设置一个重构阈值，例如 $t = 95\%$，然后选取使式（10.22）成立的最小 k 值。

$$\frac{\sum_{i=1}^{k} \lambda_i}{\sum_{i=1}^{n} \lambda_i} \geqslant t \tag{10.22}$$

PCA 的优点在于可以对数据进行降维处理，同时完全无参数限制，具体如下。

（1）对数据进行降维处理。PCA 根据协方差矩阵特征值的大小进行排序，根据需要只保留前面最重要的维度，能最大限度地保持原有数据的信息，同时实现降维，从而达到简化模型的目的。

（2）完全无参数限制。不需要人为设定任何参数或根据任何经验知识对计算进行干预，降维的结果只与数据本身相关。

但是无参数限制也会成为 PCA 的缺点，如果用户通过观察得到了一些先验信息，掌握了数据的一些特征，但是无法通过参数化等方法进行干预，可能得不到预期的效果。

10.1.3.2　线性判别分析

LDA 是一种有监督的降维技术，与 PCA 的无监督方式不同，它对数据集中的每个样本都会输出类别。

1. 二类 LDA

给定数据集 $D = \{(\boldsymbol{x}_1, \boldsymbol{y}_1), (\boldsymbol{x}_2, \boldsymbol{y}_2), \cdots, (\boldsymbol{x}_m, \boldsymbol{y}_m)\}$，其中 $\boldsymbol{x}_i$ 为 n 维向量，$\boldsymbol{y}_i \in (0,1)$。定义 N_j 为第 j 类样本的个数，$\boldsymbol{X}_j$ 为第 j 类样本的集合，$\boldsymbol{\mu}_j$ 为第 j 类样本的均值向量，$\boldsymbol{\Sigma}_j$ 为第 j 类样本的协方差矩阵，其中 $j = 0,1$，则有

$$\boldsymbol{\mu}_j = \frac{1}{N_j} \sum_{\boldsymbol{x} \in X_j} \boldsymbol{x}, \ j = 0,1 \tag{10.23}$$

$$\boldsymbol{\Sigma}_j = \sum_{\boldsymbol{x} \in X_j} (\boldsymbol{x} - \boldsymbol{\mu}_j)(\boldsymbol{x} - \boldsymbol{\mu}_j)^{\mathrm{T}}, \ j = 0,1 \tag{10.24}$$

由于是两类数据，因此将数据投影到一条直线上。假设投影直线是向量 $\boldsymbol{\omega}$，则对任意一个样本 $\boldsymbol{x}_i$，它在直线 $\boldsymbol{\omega}$ 上的投影为 $\boldsymbol{\omega}^{\mathrm{T}}\boldsymbol{x}_i$，对于两个类别的中心点 $\boldsymbol{\mu}_0$ 和 $\boldsymbol{\mu}_1$，在直线 $\boldsymbol{\omega}$ 上的投影为 $\boldsymbol{\omega}^{\mathrm{T}}\boldsymbol{\mu}_0$ 和 $\boldsymbol{\omega}^{\mathrm{T}}\boldsymbol{\mu}_1$。由于 LDA 需要让不同类别数据的类别中

心之间的距离尽可能大，即需要最大化 $\left\| \boldsymbol{\omega}^{\mathrm{T}}\boldsymbol{\mu}_0 - \boldsymbol{\omega}^{\mathrm{T}}\boldsymbol{\mu}_1 \right\|_2^2$，同时希望同类样本投影点的协方差 $\boldsymbol{\omega}^{\mathrm{T}}\boldsymbol{\Sigma}_0\boldsymbol{\omega}$ 和 $\boldsymbol{\omega}^{\mathrm{T}}\boldsymbol{\Sigma}_1\boldsymbol{\omega}$ 尽可能地小，也就是让同一种类别数据的投影点尽可能地接近，即最小化 $\boldsymbol{\omega}^{\mathrm{T}}\boldsymbol{\Sigma}_0\boldsymbol{\omega} + \boldsymbol{\omega}^{\mathrm{T}}\boldsymbol{\Sigma}_1\boldsymbol{\omega}$。综上所述，优化目标如下。

$$\mathrm{argmax}_{\omega}J(\boldsymbol{\omega}) = \frac{\left\| \boldsymbol{\omega}^{\mathrm{T}}\boldsymbol{\mu}_0 - \boldsymbol{\omega}^{\mathrm{T}}\boldsymbol{\mu}_1 \right\|_2^2}{\boldsymbol{\omega}^{\mathrm{T}}\boldsymbol{\Sigma}_0\boldsymbol{\omega} + \boldsymbol{\omega}^{\mathrm{T}}\boldsymbol{\Sigma}_1\boldsymbol{\omega}} \tag{10.25}$$

同时，定义一般情况下的类内散度矩阵 $\boldsymbol{S}_{\mathrm{w}}$ 为

$$\boldsymbol{S}_{\mathrm{w}} = \boldsymbol{\Sigma}_0 + \boldsymbol{\Sigma}_1 = \sum_{\boldsymbol{x}\in X_0}(\boldsymbol{x}-\boldsymbol{\mu}_0)(\boldsymbol{x}-\boldsymbol{\mu}_0)^{\mathrm{T}} + \sum_{\boldsymbol{x}\in X_1}(\boldsymbol{x}-\boldsymbol{\mu}_1)(\boldsymbol{x}-\boldsymbol{\mu}_1)^{\mathrm{T}} \tag{10.26}$$

类间散度矩阵 $\boldsymbol{S}_{\mathrm{b}}$ 为

$$\boldsymbol{S}_{\mathrm{b}} = (\boldsymbol{\mu}_0 - \boldsymbol{\mu}_1)(\boldsymbol{\mu}_0 - \boldsymbol{\mu}_1)^{\mathrm{T}} \tag{10.27}$$

则式（10.27）的优化目标变为

$$\mathrm{argmax}_{\omega}J(\boldsymbol{\omega}) = \frac{\boldsymbol{\omega}^{\mathrm{T}}\boldsymbol{S}_{\mathrm{b}}\boldsymbol{\omega}}{\boldsymbol{\omega}^{\mathrm{T}}\boldsymbol{S}_{\mathrm{w}}\boldsymbol{\omega}} \tag{10.28}$$

2. 多类 LDA

给定数据集 $D = \{(\boldsymbol{x}_1, y_1), (\boldsymbol{x}_2, y_2), \cdots, (\boldsymbol{x}_m, y_m)\}$，其中 $\boldsymbol{x}_i$ 为 n 维向量，$y_i \in (0,1)$。定义 N_j 为第 j 类样本的个数，X_j 为第 j 类样本的集合，$\boldsymbol{\mu}_j$ 为第 j 类样本的均值向量，$\boldsymbol{\Sigma}_j$ 为第 j 类样本的协方差矩阵，其中 $j = 0, 1, \cdots, t$。

由于是多类向低维投影，此时投影到的低维空间不是一条直线，而是一个超平面。假设投影到的低维空间的维度为 k，对应的基向量为 $(\boldsymbol{\omega}_1, \boldsymbol{\omega}_2, \cdots, \boldsymbol{\omega}_k)$，基向量组成了一个 $n \times k$ 维的矩阵 $\boldsymbol{\omega}$。

此时的优化目标为

$$\mathrm{argmax}_{\omega}J(\boldsymbol{\omega}) = \frac{\prod_{\mathrm{diag}}\boldsymbol{\omega}^{\mathrm{T}}\boldsymbol{S}_{\mathrm{b}}\boldsymbol{\omega}}{\prod_{\mathrm{diag}}\boldsymbol{\omega}^{\mathrm{T}}\boldsymbol{S}_{\mathrm{w}}\boldsymbol{\omega}} \tag{10.29}$$

其中，

$$\boldsymbol{S}_{\mathrm{w}} = \sum_{j=1}^{t}\sum_{\boldsymbol{x}\in X_j}(\boldsymbol{x}-\boldsymbol{\mu}_j)(\boldsymbol{x}-\boldsymbol{\mu}_j)^{\mathrm{T}} \tag{10.30}$$

$$\boldsymbol{S}_{\mathrm{b}} = \sum_{j=1}^{t}N_j(\boldsymbol{\mu}_j - \boldsymbol{\mu})(\boldsymbol{\mu}_j - \boldsymbol{\mu})^{\mathrm{T}} \tag{10.31}$$

$\prod_{\text{diag}} A$ 为 A 的主对角线元素的乘积，μ 是所有样本的均值向量。LDA 流程如算法 10.3 所示。

算法 10.3　LDA

输入　数据集 $D = \{(\boldsymbol{x}_1, y_1), (\boldsymbol{x}_2, y_2), \cdots, (\boldsymbol{x}_m, y_m)\}$，低维空间维度 k。

输出　特征矩阵 $\boldsymbol{P} = (\boldsymbol{e}_1, \boldsymbol{e}_2, \cdots, \boldsymbol{e}_k)$

1) 计算类内散度矩阵 $\boldsymbol{S}_{\text{w}}$

2) 计算类间散度矩阵 $\boldsymbol{S}_{\text{b}}$

3) 计算矩阵 $\boldsymbol{S}_{\text{w}}^{-1} \boldsymbol{S}_{\text{b}}$

4) 对矩阵 $\boldsymbol{S}_{\text{w}}^{-1} \boldsymbol{S}_{\text{b}}$ 进行特征分解

5) 取最大的 k 个特征值所对应的特征向量 $\boldsymbol{e}_1, \boldsymbol{e}_2, \cdots, \boldsymbol{e}_k$

LDA 算法的主要优点如下。

（1）在降维过程中可以使用类别的先验知识。

（2）LDA 降维速度比 PCA 快。

LDA 的主要缺点如下。

（1）LDA 降维的最低维数有限制。

（2）LDA 在样本分类信息依赖方差而不是均值的时候，降维效果不好。

（3）LDA 可能过拟合数据。

PCA 和 LDA 的对比如表 10-4 所示。

表 10-4　PCA 和 LDA 的对比

异同	PCA	LDA
相同点	可用于对数据进行降维	
	使用了矩阵特征分解的思想进行降维	
	假设数据符合高斯分布	
不同点	无监督	有监督
	无维度限制	限制了能够降维的最低维度
	无法用于分类	可用于分类
	选择样本点投影具有最大方差的方向	选择分类性能最好的投影方向

🔍10.2　数据预处理与特征选择和降维实验

10.2.1　实验概述

本节我们学习开源机器学习算法库 Scikit-learn 特征选择功能的使用方法，掌握特征选择的基本流程。了解常用的机器学习数据预处理、特征选择和降维方法，使用机器学习算法库完成基本的机器学习数据预处理任务，并将学到的知识应用于实际数据筛选过程。

实验资源如下。

（1）硬件资源：一台计算机。

（2）软件资源：Windows 10 操作系统，Python 3.7 及以上版本，Scikit-learn Python 库。

10.2.2　实验步骤

10.2.2.1　常用开源机器学习算法库 Scikit-learn

自 2007 年发布以来，Scikit-learn 已经成为 Python 重要的机器学习库。Scikit-learn 简称 Sklearn，包含了特征提取、数据处理和模型评估三大模块，同时支持回归、分类、聚类和降维四大机器学习算法。Sklearn 扩展于 SciPy 库，建立在 NumPy 和 Matplotlib 库的基础上，显著提高了机器学习的效率。Sklearn 封装了大量的机器学习算法，同时内置了大量处理好的数据集，加快了使用人员的学习速度。Sklearn 具有丰富的 API，同时拥有完善的文档，在学术界已被广泛使用。

机器学习的主要步骤包括数据获取、数据预处理、选择学习算法、训练模型、模型优化、可视化等。

在实际的机器学习任务中，自变量往往数量众多，且可能由连续型和离散型混杂组成，因此出于节约计算成本、精简模型、增强模型的泛化性能等角度的考虑，我们常常需要对原始变量进行一系列的预处理及筛选，剔除冗余无用的成分，得到较为满意的训练集，再进行学习，这就是特征选择。本节将对常见的特征选择方法的思想及 Python 的实现进行介绍。

Sklearn 主要分为以下几个部分，Classification、Regression、Clustering 是主要的学习算法，Model Selection 用于模型评估和优化，Demensionality Reduction、Preprocessing 用于数据预处理，即本节的重点。

Sklearn 工具的功能强大，对于想使用 Python+机器学习模式的读者来说，应该能够从这些方法中挑选出适合解决自己的问题的方法。

1. Sklearn 安装方法

Sklearn 的安装要求：Python（2.7 或 3.3 以上版本）、NumPy（1.8.2 以上版本）、SciPy（0.13.3 以上版本）。安装 Sklearn 可以使用 pip install Sklearn，如果未安装 NumPy，SciPy 等库，系统会自动进行安装。Sklearn 安装界面如图 10.4 所示。

2. Sklearn 数据预处理

sklearn.preprocessing 包提供了几个常见的功能和变换器类型，用来将原始特征向量变换为更适合机器学习模型的形式，例如，归一化和标准化。

（1）归一化

函数归一化提供了一个快速简单的方法在类似数组的数据集上执行操作，使用 L1 范数或 L2 范数。

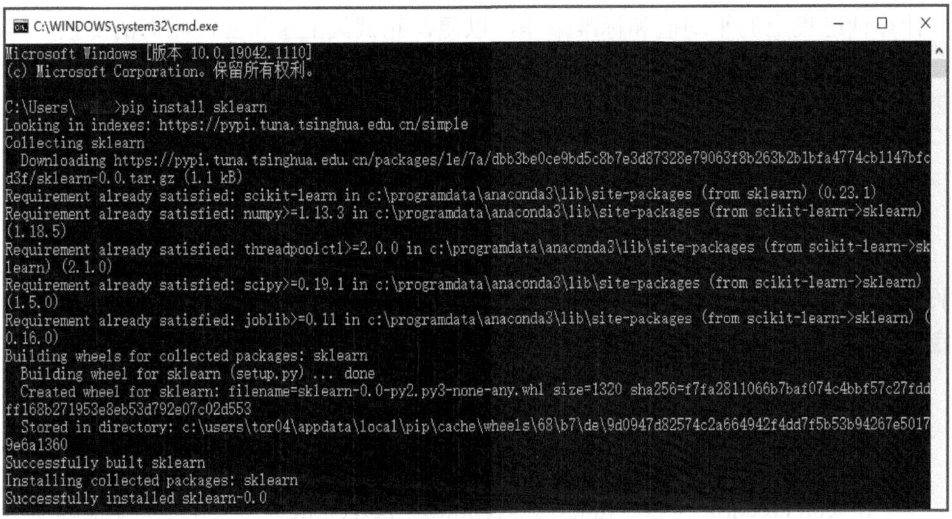

图 10.4　Sklearn 安装界面

```
X = [[ 1., -1., 2.], [ 2., 0., 0.], [ 0., 1., -1.]] #生成数据
X_normalized = preprocessing.normalize(X, norm='l2') #使用 L2 范数
处理数据
```

preprocessing 预处理模块提供的 Normalizer 工具类使用 Transformer API 实现了相同的操作。

```
normalizer = preprocessing.Normalizer().fit(X)  # fit does nothing
```

之后归一化实例可以被用于样本向量，像其他转换器一样。

```
normalizer.transform([[-1., 1., 0.]])
```

（2）标准化

数据集的标准化对 Sklearn 中实现的大多数机器学习算法来说是常见的要求。如果个别特征不是标准正态分布（具有零均值和单位方差），那么它们的表现力可能较差。在实际情况中，我们先通过去均值对某个特征进行中心化，再除以非常量特征的标准差进行缩放。

函数 scale 为数组形状的数据集的标准化提供了一个快捷实现方法，代码如下。

```
from sklearn import preprocessing #导入预处理模块
import NumPy as np #导入支持大量维度数组与矩阵运算的扩展程序库 NumPy
X_train = np.array([[ 1.,-1.,2.], [ 2.,0.,0.], [ 0.,1.,-1.]])#构
建训练样本
X_scaled = preprocessing.scale(X_train)#使用 scale 函数对 X_train 进
行标准化，经过缩放后使用 X_scaled.mean(axis=0) 和 X_scaled.std(axis=0) 查看缩
放后数据的均值和标准差，可以发现均值为 0，标准差为 1
```

预处理模块还提供了一个实用类 StandardScaler，它实现了利用转化器的 API

来计算训练集上的平均值和标准偏差，以便在测试集上重新应用相同的变换。

```
scaler = preprocessing.StandardScaler().fit(X_train) #用训练集创建
标准缩放器
scaler.transform(X_train) #缩放训练集
scaler.transform(X_test) #缩放测试集
```

3. Sklearn 单变量的特征选择

单变量的特征选择是指通过单变量的统计检验，对每一个待筛选变量进行检验，并对其检验结果进行评分，最后根据规则选择留下哪些变量，有以下几种自定规则的方法。

- SelectKBest(score_func，k)。score_func 传入用于计算评分的函数，默认是 f_classif，它计算的是单变量与训练 target 间的方差分析 F 值；k 传入用户想要根据评分从高到低留下的变量的个数，默认是 10。
- SelectPercentile(score_func，percentile)。percentile 传入用户想要根据得分从高到低留下的变量个数占总个数的比例，默认是 10，表示 10%。
- SelectFpr(score_func，alpha)。通过控制 FPR 检验中取伪错误发生的概率来选择特征，alpha 用来控制置信水平，p 值小于该值时拒绝原假设，即对应的变量被保留（原假设是该特征对分类结果无显著贡献）。
- GenericUnivariateSelect(score_func，mode，param)。这是一个整合上述几种方法的广义方法，mode 用来指定特征选择的方法，可选项有{'percentile'，'k_best'，'fpr'，'fdr'，'fwe'}，与上面几种方法相对应；param 的输入取决于 mode 中指定的方式，即指定方式对应的传入参数。

下面我们以 iris 数据为例对 SelectKBest 进行说明。首先，引入所需库文件：iris 数据集，SelectKBest 模块，卡方独立性检验 chi2。然后，导入 iris 数据，为分类标签和自变量赋值，其中，X 为训练数据，y 为其对应的标签。调用 SelectKBest 前输出特征筛选之前的自变量数据集形状。执行 SelectKBest，设置检验函数为 chi2，即卡方独立性检验，将保留变量个数设置为 3。最后输出特征筛选后的自变量数据集形状，代码如下。

```
from sklearn.datasets import load_iris
from sklearn.feature_selection import SelectKBest
from sklearn.feature_selection import chi2
iris = load_iris()
X, y = iris.data, iris.target
print(X.shape)
X_new = SelectKBest(chi2, k=3).fit_transform(X, y)
print(X_new.shape)
```

筛选前后数据的维度信息如图 10.5 所示。

```
筛选前 (150, 4)
筛选后 (150, 3)
```

图 10.5　筛选前后数据的维度信息

4.　Sklearn 降维算法 PCA

如果特征数量很多，在监督学习步骤之前，可以通过无监督学习的步骤来减少特征。很多无监督学习方法实现了用于降低维度的数据集转换方法，可以用来降低维度，例如 PCA。

PCA 并不是简单地剔除一些特征，而是将现有的特征进行变换，选择最能表达该数据集的几个最佳特征来达到降维目的。sklearn.decomposition.PCA 是 Sklearn 中实现的 PCA，形式如下。

```
sklearn.decomposition.PCA(n_components=None, copy=True,
whiten=False)
```

主要参数包括 n_components、copy 和 whiten：

- n_components: int、float、None 或 string，PCA 中所要保留的主成分个数，即保留下来的特征个数，如果 n_components = 1，将把原始数据降到一维；如果赋值为 string，如 n_components='mle'，将自动选取特征个数，使其满足所要求的方差百分比；如果没有赋值，默认为 None，特征个数不会改变（特征数据本身会改变）。
- copy：True 或 False，默认为 True，即是否需要复制原始训练数据。
- whiten：True 或 False，默认为 False，即是否白化，使每个特征具有相同的方差。

PCA 包含以下常用方法。

- fit(X)：用数据 X 来训练 PCA 模型。
- fit_transform(X)：用 X 来训练 PCA 模型，同时返回降维后的数据。
- inverse_transform(newData)：将降维后的数据转换成原始数据，但可能不完全一样，会有些许差别。

transform(X)：将数据 X 转换成降维后的数据，当模型训练好后，对于新输入的数据，也可以用 transform 来降维。

PCA 降维数据集示例如下，输出结果如图 10.6 所示。

```
（1）import NumPy as np #导入NumPy
（2）from sklearn.decomposition import PCA #导入PCA
（3）X = np.array([[-1, -1], [-2, -1], [-3, -2], [1, 1], [2, 1],
[3, 2]]) #创建特征数为 2 的数据集
（4）pca = PCA(n_components=1) #设置将维数降至 1
（5）newX = pca.fit_transform(X) #将数据集 X 降维
（6）print(X) #输出降维前和降维后的数据
```

（7）print(newX)

（8）print(pca.explained_variance_ratio_) #查看降维后的数据集可以在多大程度上表达原始数据集

[[–1 –1]	[[1.38340578]	
[–2 –1]	[2.22189802]	
[–3 –2]	[3.6053038]	
[1 1]	[–1.38340578]	
[2 1]	[–2.22189802]	
[3 2]]	[–3.6053038]]	[0.99244289]
（a）原数据集	（b）降维后数据集	（c）降维后数据集对原数据集的表达程度

图 10.6　PCA 降维数据集输出结果

10.2.2.2　从 ARFF 文件中加载数据并完成归一化

从 ARFF 文件中加载数据并完成归一化，代码如下。

```
（1）from scipy.io import arff
（2）from sklearn.preprocessing import MinMaxScaler
（3）import NumPy as np
（4）#打开 ARFF 文件，读取数据
（5）arffdir=r"F:/Program_file/feature/Tor-Cumul.arff"
（6）dataset=arff.loadarff(arffdir)
（7）anonymousDataSet=dataset[0]
（8）dataset_data=[]
（9）dataset_label=[]
（10）for itrace in anonymousDataSet:
（11）    trace=[]
（12）    for ifeature in list(itrace)[:-1]:
（13）        trace.append(float(ifeature))
（14）    dataset_data.append(trace)
（15）    dataset_label.append(str(list(itrace)[-1]))
（16）dataset_data=np.array(dataset_data,dtype="float64")
（17）#归一化,并将归一化后的数据命名为 anonymousDataSetNormalized
（18）mm = MinMaxScaler()
（19）anonymousDataSetNormalized = mm.fit_transform(dataset_data)
（20）print(dataset_data)
（21）print('特征维数',len(dataset_data[0]))
（22）print(anonymousDataSetNormalized)
（23）print('特征维数',len(anonymousDataSetNormalized[0]))
```

归一化前后的数据分别如图 10.7 和图 10.8 所示。

```
[[ 4.46000000e+03  5.27000000e+03  6.72433700e+06 ... -2.18285654e+06
  -2.06847527e+06 -1.96143000e+06]
 [ 3.54500000e+03  5.09200000e+03  6.60843100e+06 ... -3.04590198e+06
  -3.01284851e+06 -2.92065900e+06]
 [ 2.38900000e+03  5.30800000e+03  6.14088100e+06 ... -4.61717910e+06
  -4.55252645e+06 -4.54866600e+06]
 ...
 [ 1.02300000e+03  2.34300000e+03  2.26858500e+06 ... -1.82597118e+06
  -1.80397441e+06 -1.78221200e+06]
 [ 6.19000000e+02  1.80600000e+03  2.00893900e+06 ... -1.70344982e+06
  -1.71343709e+06 -1.70047000e+06]
 [ 1.07400000e+03  2.11800000e+03  1.98084000e+06 ... -1.57131246e+06
  -1.56101377e+06 -1.54534000e+06]]
特征维数： 104
```

图 10.7　归一化前的数据

```
[[0.26489672 0.37239912 0.36917771 ... 0.39259972 0.39545427 0.39796972]
 [0.20431674 0.35837011 0.3622488  ... 0.36733901 0.367457   0.36917846]
 [0.12778072 0.37539407 0.33429849 ... 0.32134888 0.32181109 0.32031384]
 ...
 [0.0373411  0.1417087  0.10281118 ... 0.40304549 0.40329577 0.40334895]
 [0.01059322 0.09938525 0.08728945 ... 0.4066316  0.40597987 0.40580243]
 [0.04071769 0.12397541 0.08560968 ... 0.41049916 0.41049868 0.41045866]]
特征维数： 104
```

图 10.8　归一化后的数据

10.2.2.3　使用卡方检验和 PCA 降维

卡方检验可测量随机变量之间的相关性，因此可以淘汰最有可能与类别无关的特征。PCA 降维是利用数据的奇异值分解将其投射到较低维空间的线性降维。使用这两种方法可以转换归一化后的匿名数据集。

1. 使用卡方检验筛选特征

代码如下。

```
(1) from sklearn.feature_selection import SelectKBest
(2) from sklearn.feature_selection import chi2
(3) #选择前 60%的最佳特征
(4) model1 = SelectKBest(chi2, k=int(len(dataset_data[0])*0.6))
(5) X_new = model1.fit_transform(anonymousDataSetNormalized,
dataset_label)
(6) print(X_new)
(7) print('特征维数',len(X_new[0]))
```

筛选的结果如图 10.9 所示。

```
[[0.26489672 0.37239912 0.36917771 ... 0.19165776 0.20030401 0.2087062 ]
 [0.20431674 0.35837011 0.3622488  ... 0.18947223 0.18975992 0.19007635]
 [0.12778072 0.37539407 0.33429849 ... 0.25645892 0.25672462 0.2576443 ]
 ...
 [0.0373411  0.1417087  0.10281118 ... 0.35763865 0.35797946 0.35833926]
 [0.01059322 0.09938525 0.08728945 ... 0.36810006 0.36843209 0.36878291]
 [0.04071769 0.12397541 0.08560968 ... 0.36544378 0.36585992 0.36720204]]
特征维数： 62
```

图 10.9　卡方检验筛选的结果

2. 使用 PCA 降维

通过 PCA 将 anonymousDataSetNormalized 中的特征降到 52 维，由于 PCA 要求降维后的特征维数少于样本数，故设置参数时需考虑设置小于 11×11=121 的维数，否则系统会提示出错，在实际场景中应尽量收集更多的样本以充分发掘特征之间的关系。具体代码如下。

（1）from sklearn.decomposition import PCA #导入 PCA
（2）pca = PCA(n_components=52) #设置将维数降至 52
（3）#使用 PCA 完成对 anonymousDataSetNormalized 数据集的降维，将维数降至 52 并将新的数据集命名为 new_X
（4）newX = pca.fit_transform(X_new)
（5）print(newX)
（6）print('特征维数',len(newX[0]))

其中一条流量降维后的结果如图 10.10 所示。

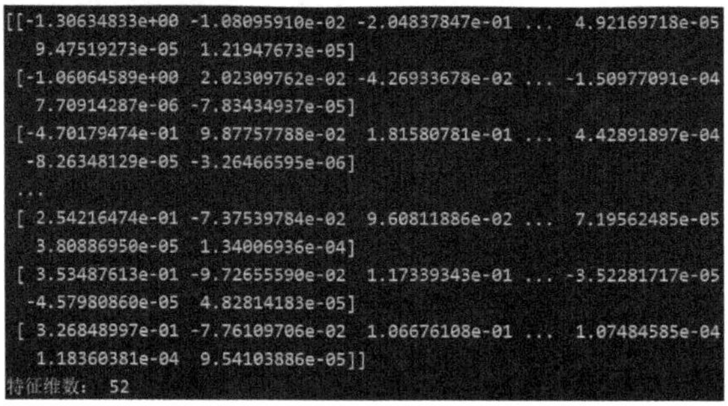

```
[[-1.30634833e+00 -1.08095910e-02 -2.04837847e-01 ...  4.92169718e-05
   9.47519273e-05  1.21947673e-05]
 [-1.06064589e+00  2.02309762e-02 -4.26933678e-02 ... -1.50977091e-04
   7.70914287e-06 -7.83434937e-05]
 [-4.70179474e-01  9.87757788e-02  1.81580781e-01 ...  4.42891897e-04
  -8.26348129e-05 -3.26466595e-05]
 ...
 [ 2.54216474e-01 -7.37539784e-02  9.60811886e-02 ...  7.19562485e-05
   3.80886950e-05  1.34006936e-04]
 [ 3.53487613e-01 -9.72655590e-02  1.17339343e-01 ... -3.52281717e-05
  -4.57980860e-05  4.82814183e-05]
 [ 3.26848997e-01 -7.76109706e-02  1.06676108e-01 ...  1.07484585e-04
   1.18360381e-04  9.54103886e-05]]
特征维数: 52
```

图 10.10　PCA 降维结果

第 11 章
训练分类器

近年来，人工智能飞速发展，存储、传输和处理数据的能力也大幅提高，人类社会积累了大量的原始数据，需要利用计算机算法对这些数据进行分析利用。机器学习在这种大背景下发展起来，在软件工程、计算机视觉和网络通信等诸多学科分支都能发现机器学习的身影。

流量分析过程就是将收集到的流量数据输入分类器，得到分类结果，以此归类流量。本章将从机器学习基本知识开始，介绍 3 种常用的数据分类算法，并基于这些算法实现流量分析所使用的分类器的训练。

11.1 理论基础

11.1.1 机器学习

机器学习研究如何通过计算的手段来利用以往经验改善机器自身的性能。机器改善自身性能的方法被称为学习算法。将数据输入学习算法可以产生一个模型，在接收新的数据时，模型就可以进行相应的判断。例如，垃圾邮件分类，我们可以使用学习算法训练一些关于垃圾邮件的数据（例如，发送者 IP、邮件内容等）来得到一个模型，然后利用模型判断新邮件是否为垃圾邮件。

11.1.1.1 基本术语

我们把一组记录的集合称为一个数据集，每条记录是关于一个对象的描述，称为一个样本，例如，收集到的垃圾邮件数就是一个数据集，一封垃圾邮件就是一个样本；反映对象在某个方面的表现或性质的事项被称为属性或特征，例如邮件的接收者地址、关键字和 URL 编码字符等。属性张成的空间称为属性空间或样本空间，空间中的每个点有对应的坐标向量，因此可将一个样本称为一个特征向量。

一般地，令 $D = \{x_1, x_2, \cdots, x_m\}$ 表示包含了 m 个样本的数据集，每个样本由 d 个属性描述，则每个样本 $x_i = \{x_{i1}, x_{i2}, \cdots, x_{id}\}$ 是 d 维空间 χ 中的一个向量，$x_i \in \chi$，

其中，x_{ij} 是在第 j 个属性上的取值，d 为样本 $\boldsymbol{x}_i$ 的维数。

数据构建模型的过程称为学习或训练，训练过程使用的数据称为训练集，测试模型效果的数据称为测试集。模型预测的值不同，所属学习任务也不同。例如，将邮件分为垃圾邮件和非垃圾邮件，由于预测值是离散值，因此这是一个"分类"问题；若一个模型是预测价格的，预测值是连续值，这就是一个"回归"问题。

根据训练数据是否拥有标记信息，学习任务大致分为监督学习和无监督学习。分类和回归都属于监督学习，无监督学习的代表是聚类问题。本章的流量分析实验属于监督学习中的分类问题，数据集就是带标签的流量，学习算法为机器学习中的分类算法。

11.1.1.2　梯度下降

在机器学习算法中，需要求解损失函数。我们可以使用梯度下降法来最小化损失函数，得到最小化的损失函数和模型参数值。

在微积分中，梯度是多元函数的各个参数的偏导数，并以向量的形式表示出来，即

$$\operatorname{grad} f(\boldsymbol{x}_0, \boldsymbol{x}_1, \cdots, \boldsymbol{x}_n) = \left(\frac{\partial}{\partial \boldsymbol{x}_0}, \frac{\partial}{\partial \boldsymbol{x}_1}, \cdots, \frac{\partial}{\partial \boldsymbol{x}_n} \right) \tag{11.1}$$

梯度表示函数变化最快的方向，沿着梯度方向可以找到函数的最大值，而沿着与梯度相反的方向则可以找到函数的最小值。

为便于理解，我们先给梯度下降一个直观的解释。假设我们在一座大山的某一点，想以最快的速度下山，但是不知道向哪个方向走才是最快的，因此我们每走一步就求解当前的梯度，沿着梯度相反的方向前进。当走到一个"最低点"的时候我们停下脚步，但此时我们到达的不一定是真正的山脚，也可能是某个山峰的山谷，即一个局部最优解。

图 11.1 所示的是梯度下降示例，可以看到初始位置的不同，所到达的"山脚"可能不同。

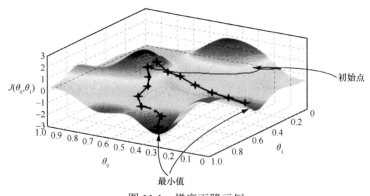

图 11.1　梯度下降示例

梯度下降法为

$$\theta_j := \theta_j - \alpha \frac{\partial}{\partial \theta_j} J(\theta_0, \theta_1) \tag{11.2}$$

其中，$J(\theta_0, \theta_1)$ 为损失函数；α 为学习速率，即下山的步长。将损失函数拓展到多参数情况，假设函数为

$$h_\theta(x) = \theta_0 + \theta_1 \boldsymbol{x}_1 + \theta_2 \boldsymbol{x}_2 + \cdots + \theta_n \boldsymbol{x}_n \tag{11.3}$$

损失函数为

$$J(\theta_0, \theta_1, \cdots, \theta_n) = \frac{1}{2m} \sum_{i=1}^{m} (h_\theta(x^i) - y^i)^2 \tag{11.4}$$

其中，x 为样本特征，y 为对应样本的输出，m 为样本个数。

11.1.1.3 过拟合

机器学习的目标是使学得的模型能够很好地适应新样本，而这种适应新样本的能力称为"泛化"能力。但是由于机器对训练样本属性的掌握程度不同，所得模型的泛化能力可能无法达到预期效果，如果机器学习了训练样本中的每一个特征，将某些特殊的属性作为一般属性，这样反而会导致泛化性能下降，这种现象在机器学习中称为过拟合现象。与之相反的是欠拟合现象，指机器未能较好地学习训练样本中一般且重要的特征，也会导致泛化性能下降。

图 11.2 所示为 3 种拟合情况。图 11.2（a）所示的就是我们期望模型达到的学习效果，能够排除个别数据点对于整体分类情况的影响；图 11.2（b）所示的则是过拟合数据分布，在测试数据时会导致效果不好；图 11.2（c）所示为欠拟合，可能是因为样本不够或学习算法不精，训练样本的特性没有被充分学习。无论是过拟合还是欠拟合，都会导致模型的性能下降。但如今在大数据环境下，样本不足的情况已经很少出现，学习算法也有了长足的进步，因此接下来我们只讨论过拟合的解决办法，而在大数据机器学习和深度学习神经网络中，过拟合是一个十分常见的现象。

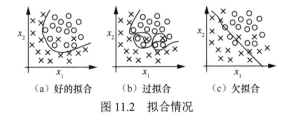

（a）好的拟合　　　（b）过拟合　　　（c）欠拟合

图 11.2　拟合情况

解决过拟合通常有两种途径，具体如下。

（1）减少特征维度。人为选择丢弃某些容易导致过拟合的特征或使用模型选择算法。

（2）正则化。人为丢弃的特征可能在某些问题下有用，因此我们一般采用正则化的方法来解决过拟合问题。正则化方法是在损失函数的后面加上一个正则化项，即

$$J(\theta) = \frac{1}{2m}\left[\sum_{i=1}^{m}(h_\theta(x^{(i)}) - y^{(i)})^2 + \lambda\sum_{j=1}^{n}\theta_j^2\right] \tag{11.5}$$

其中，λ 为正则化参数，用于更好地平衡拟合数据集和将参数控制得更小。

在深度学习的神经网络应用中，更常见的是使用 Dropout（丢弃）法来解决过拟合问题，但本章并不涉及神经网络的实验，感兴趣的读者可自行学习。

11.1.1.4 偏差与方差

对学习算法除了通过实验估计其泛化性能之外，人们往往还希望了解它为什么具有这样的性能。"偏差–方差分解"就是从偏差和方差的角度来解释学习算法泛化性能的一种重要工具。在机器学习中，我们通常定义一个误差函数指导模型的训练，通过最小化这个误差来改善模型的性能。然而我们学习一个模型的目的是解决训练集所在领域中的一般化问题。单纯地将训练集的损失最小化，并不能保证在解决实际事务时模型仍然获得相同的性能，极端情况下甚至不能保证模型能够正常使用。这个在训练集上产生的损失与在实际事务中的数据上产生的损失之间的差异即泛化误差。

定义测试样本为 x，D 为数据集，y_D 是 x 在数据集中的标记，y 是 x 的真实标记，$f(x;D)$ 是由训练集 D 学得的模型 f 对 x 的预测输出。以回归问题为例，学习算法的期望预测为

$$\overline{f}(x) = \mathrm{E}_D[f(x;D)] \tag{11.6}$$

使用相同样本数的不同训练集产生的方差为

$$\mathrm{var}(x) = \mathrm{E}_D[(f(x;D) - \overline{f}(x))^2] \tag{11.7}$$

噪声为

$$\varepsilon^2 = \mathrm{E}_D[(y_D - y)^2] \tag{11.8}$$

期望输出与真实标记的差别称为偏差，即

$$\mathrm{bias}^2(x) = (\overline{f}(x) - y)^2 \tag{11.9}$$

期望泛化误差表示为

$$E(f;D) = \text{bias}^2(x) + \text{var}(x) + \varepsilon^2 \qquad (11.10)$$

因此，泛化误差又可以分解为偏差、方差和噪声。

下面给出偏差、方差和噪声的定义。

（1）偏差表示模型在样本上的输出与真实值之间的误差，即模型本身的精准度，也就是学习算法本身的拟合能力。

（2）方差表示模型每一次输出结果与模型输出期望之间的误差，即模型的稳定性。

（3）噪声表示任何学习算法在当前任务上所能达到的期望泛化误差的下界，即刻画了学习问题本身的难度。

"偏差-方差分解"说明，泛化性能是由学习算法的优劣、数据的充分程度以及学习任务本身的复杂程度共同决定的。给定学习任务，为了取得好的泛化性能，则需使偏差较小，即能够充分拟合数据，并且使方差较小，即使数据扰动产生的影响小。

一般来说，偏差与方差是有冲突的，这称为偏差-方差窘境。偏差、方差与泛化误差的关系如图 11.3 所示，给定学习任务时，若我们对训练集中的样本训练不够充分，则模型对它们的拟合程度就会不足，将导致偏差主导泛化错误率；若对训练集中的样本过度训练，这些样本中的轻微扰动都会对模型的预测结果造成显著影响，此时方差将占据泛化错误率的主要部分。若训练数据自身的非全局特性被学习模型学习，则会发生过拟合。

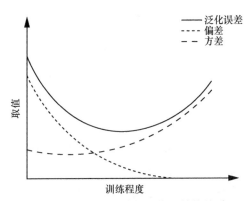

图 11.3　偏差、方差与泛化误差的关系

因此，偏差-方差与数据拟合情况如下。

（1）欠拟合：模型不能适配训练样本，有一个很大的偏差。

（2）过拟合：模型很好地适应训练样本，但在测试集上的表现很差，有一个很大的方差。

偏差–方差权衡是我们必须考虑的问题，由于偏差和方差是无法完全避免的，因此我们只能尽可能减小其带来的影响。通常可以从训练模型的选择、数据集大小和模型复杂度这 3 个方面考虑，调整偏差和方差以达到最佳的训练效果。

11.1.2　分类算法

本节主要介绍 3 种最常用且具有代表性的机器学习分类算法，在分析其算法思想的基础上，在 11.2 节的实验中利用分类算法来实现一个针对流量分析的分类器。

11.1.2.1　k 近邻算法

1. 基本概念

k 近邻（KNN）算法是一种用于分类的非参数统计方法，属于机器学习中的监督学习。在 KNN 分类过程中，一个实例的分类结果是由其邻居的 k（k 为正整数，通常较小）个实例"多数表决"确定的，即输入一个待预测新的实例，在给定的训练集中找出与该实例距离最近的 k 个实例，然后将该实例归类为 k 个实例中大多数所属的类别（类似于少数服从多数）。若 $k=1$，则该实例的类别直接由最近的一个节点赋予。

k 近邻算法示例如图 11.4 所示，方形和三角形为给定训练集，圆点为输入实例，即待分类的数据。k 近邻算法的目的就是找出一个新的输入数据的所属类别，下面以图 11.4 为例找出圆点的类别。

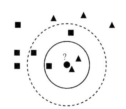

图 11.4　k 近邻算法示例

- 如果 $k=3$，则距离圆点的最近的 3 个点中有 2 个三角形和一个方形，因此该圆点被判定为与三角形属于同一个类别。
- 如果 $k=5$，则距离圆点的最近的 5 个点中有 2 个三角形和 3 个方形，因此该圆点被判定为与方形属于同一个类别。

k 近邻算法是"懒惰学习"中较经典的算法，此类机器学习算法在训练阶段不做实际训练，训练的时间开销为 0。它们将训练实例保存起来，在测试阶段才使用这些训练实例和测试实例进行计算。

2. 距离计算方式

使用 k 近邻算法的分类器的性能取决于大小和节点间距离计算方式，值的不同会导致分类结果的显著不同；而距离计算方式不同，那么找出的"近邻"可能也有显著差别，从而导致分类结果出现显著差异。

　　一般情况下，将欧氏距离或曼哈顿距离作为距离度量方式。以二维平面为例，欧氏距离的计算式为

$$\rho = \sqrt{(x_2 - x_1)^2 + (y_2 - y_1)^2} \tag{11.11}$$

　　拓展到多维空间后，计算式为

$$d(x,y) := \sqrt{(x_1 - y_1)^2 + (x_2 - y_2)^2 + \cdots + (x_n - y_n)^2} = \sqrt{\sum_{i=1}^{n}(x_i - y_i)^2} \tag{11.12}$$

　　欧氏距离的计算比较复杂，因此更加简洁的曼哈顿距离是一个不错的选择。图 11.5 中黑色实线代表曼哈顿距离；灰色实线代表欧氏距离，也就是直线距离；而黑色虚线和灰色虚线则代表等价的曼哈顿距离。曼哈顿距离计算式为

$$d(i,j) = |x_i - x_j| + |y_i - y_j| \tag{11.13}$$

即两点在南北方向上的距离加上在东西方向上的距离。例如，对于一个只具有东南西北 4 个方向上规则布局街道的城镇，从出发地到目的地的距离的计算方式是将南北方向街道上的路程加上东西方向街道上的路程。这与曼哈顿距离的计算方式相同。因此，曼哈顿距离又被称为出租车距离。

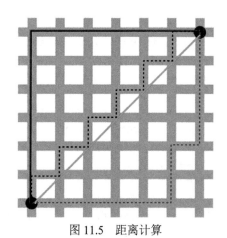

图 11.5　距离计算

3. k 值选择

　　k 值的大小同样对分类器的效果有很大影响，如何选取合适的 k 值对于 k 近邻分类器是非常重要的。

　　（1）如果 k 值极小，则分类器只使用训练集中与待预测实例最相邻的数个实

例进行预测，"学习"的近似误差会减小，但估计误差会增大，分类结果将会被训练集中的"噪声"严重干扰，极容易产生过拟合现象。

（2）如果 k 值过大，则分类器使用待预测实例周围较多的训练实例帮助预测，"学习"的估计误差会减小，但近似误差会增大，与待预测实例距离较远的训练实例也会参与预测，容易导致预测结果出错。极端情况下，即 $k=n$ 时，任何输入的待预测实例的分类结果都是训练集中实例数量最大的那个标记，是完全不可取的。

通常的做法是采用交叉验证（将实例划分为训练集和测试集两个部分）来选择最优的 k 值，选择不同的交叉验证比例来测试多个 k 值，选取分类性能最好的 k。

4. 代码实现

```
（1）import numpy as np
（2）import operator
（3）class KNN(object):
（4）    def __init__(self, k=3):
（5）        self.k = k
（6）    def fit(self, x, y):
（7）        self.x = x
（8）        self.y = y
（9）    def _square_distance(self, v1, v2):
（10）        return np.sum(np.square(v1-v2))
（11）    def _vote(self, ys):
（12）        ys_unique = np.unique(ys)
（13）        vote_dict = {}
（14）        for y in ys:
（15）            if y not in vote_dict.keys():
（16）                vote_dict[y] = 1
（17）            else:
（18）                vote_dict[y] += 1
（19）        sorted_vote_dict = sorted(vote_dict.items(),
key=operator.itemgetter(1), reverse=True)
（20）        return sorted_vote_dict[0][0]
（21）    def predict(self, x):
（22）        y_pred = []
（23）        for i in range(len(x)):
（24）            dist_arr = [self._square_distance(x[i],
self.x[j]) for j in range(len(self.x))]
（25）            sorted_index = np.argsort(dist_arr)
（26）            top_k_index = sorted_index[:self.k]
（27）            y_pred.append(self._vote(ys=self.y[top_k_index]))
（28）        return np.array(y_pred)
（29）    def score(self, y_true=None, y_pred=None):
```

```
（30）          if y_true is None and y_pred is None:
（31）              y_pred = self.predict(self.x)
（32）                y_true = self.y
（33）          score = 0.0
（34）          for i in range(len(y_true)):
（35）              if y_true[i] == y_pred[i]:
（36）                  score += 1
（37）          score /= len(y_true)
（38）          return score
```

11.1.2.2 随机森林

在机器学习中，随机森林是一个包含多个决策树的分类器，属于集成学习中的 Bagging（引导聚集）方法。下面我们将从决策树开始，逐步了解随机森林的基本概念及其算法。

1. 决策树

决策树是一种用于分类的机器学习算法。决策树采用树形结构，由根节点、分支节点和叶节点组成。根节点包含样本全集，分支节点对应样本的不同特征属性，叶节点代表决策的边界。

决策树进行预测时，采用自上而下的方式层层判断来实现最终的分类，根据每一层中对应分支使用的属性来判断进入下一层的哪个分支，直至到达树的叶节点。

决策树易于实现，可解释性强，符合人类的直观思维，是最简单的机器学习算法之一，因此被广泛应用。假设学校进行奖学金的评定工作，将学生一学年的学习情况量化为绩点，满分为 10 分。如果使用决策树来决定某个学生是否具有奖学金获取资格，那么可得到图 11.6 所示的示例。

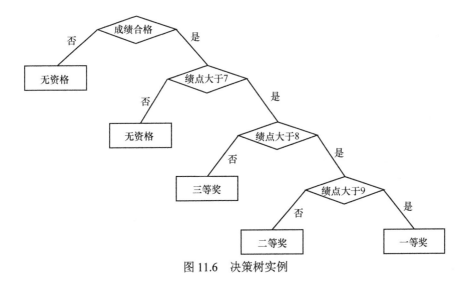

图 11.6 决策树实例

决策树的生成是一个递归过程，分为 3 个步骤。

步骤 1 特征选择。在训练集里，每个样本都会有多种属性，而不同的属性会有不同的效果。因此，特征选择的功能是从具有高关联度的特征中筛选出具有高分类能力的特征。

步骤 2 决策树生成。在选取了特征之后，根据根节点的特点，对各节点特征进行信息增益计算，选取具有最大信息增益的特征作为节点的特征；依据特征的分离规则，构造出分支节点；随后新的分支节点也被用同样的方法产生，直至信息增益非常少或没有可供选择的特性。

步骤 3 决策树剪枝。剪枝的主要目标是通过移除部分分支子树消除过拟合或减少过拟合的风险。

决策树生成的基本算法如算法 11.1 所示。

算法 11.1 决策树生成

输入 训练集合，属性集合。

输出 以 node 为根节点的一棵决策树

1) 生成节点 node

2) if 中的样本都属于同一类别

3)   return

4) if 为空集或者在属性上的取值都相同

5)   return 将类别标记为中样本数最多的类别

6) 从中找出最优划分属性

7) 以属性划分数据集

8) 创建分支节点

9) for 每个划分的子集

10)   if 为空

11)   return 分支节点标记回叶节点，类别标记为中样本数最多的种类

12)   else

13)   调用函数 TreeGenerate，并增加返回节点到分支节点中

14) return 分支节点

（1）信息增益

决策树生成最重要的部分就是如何选择合适的特征作为节点特征，这就涉及信息增益问题，决策树中的每个节点都会选择信息增益最大的特征，那么如何求解信息增益呢？

信息熵代表了随机变量的复杂度，可用来度量样本集合的纯度。信息熵定义为

$$H(X) = -\sum_{i=1}^{n} p(x_i) \mathrm{lb}(x_i), \ i = 1, 2, \cdots, n \tag{11.14}$$

其中，X 为样本集合，$p(x_i)$ 为第 i 个样本在集合 X 中所占比例。熵 $H(X)$ 的数值越小，则 X 的纯度越高。

假设 a 具有 v 种不同的分布属性 $\{a^1, a^2, \cdots, a^v\}$，如果将 a 用于分割 X，将生成 v 个分支点，将第 v 个支路节点称为 X^v，其中包括 X 中的全部采样，这些采样的数值都是 a^v。因此，在集合 X 分割中，属性 a 得到的信息增益为

$$\text{Gain}(X, a) = H(X) - \sum_{v=1}^{V} \frac{|X^v|}{|X|} H(X) \tag{11.15}$$

通常，信息增益越大，表示利用属性的分割得到的纯度提高越大，因此信息的增益被用来选取特性。

（2）剪枝

为了预防过拟合问题，决策树学习算法剪枝是一种重要的方法，按照修剪的时间节点将其划分为预剪枝和后剪枝。

① 预剪枝。预剪枝就是在对每一个节点进行分割之前，先对节点进行估算，若目前节点的分割不能提高决策树模型的泛化能力，那么就不会再分割目前的节点，而是将目前的节点作为叶节点。通过以下几种方式来阻止决策树的增长。

a.当决策树生长到某一高度时，阻止继续生长。

b.到达特定节点的样本有相同的特征向量，可以阻止决策树的成长，即使不属于同一类别。该方法更适合于处理数据的冲突问题。

c.当节点达到的样本数小于某一特定阈值时，阻止决策树的生长。

d.通过计算每个扩展对系统性能的增益，确定一个临界值，当增益小于临界值时，该数将终止生长。

预剪枝的优缺点如下。

该方法无须产生整个决策树，而且具有较快的计算速度，适用于求解大型问题。然而，虽然这种方式看上去简单，但是如何准确地估计该决策树什么时候结束生长是需解决的问题。

预剪枝的缺点之一就是存在视野效果问题。这意味着，在同样的条件下，现有的扩展会导致训练数据的过拟合，但如果进一步扩充，则可以达到更高的精度；这会导致算法提前终止生成决策树。

② 后剪枝。后剪枝是指完成整个决策树的结构后，再由下至上对非叶节点进行检查，如果用叶节点代替这个节点，可以提高整个树的泛化性能，则直接修剪为叶节点。后剪枝因其预剪枝存在不足而被广泛采用，以下是 3 种常见的后剪枝方式。

a.错误率降低剪枝（REP）。REP 是一种较为简便的后剪枝算法，它将所有的数据分为两组：一组用于生成已有的决策树；另一组（独立的校验组）用于评价此种决策的准确性，以及对此种决策的裁剪效果进行评价。它的修剪步骤是将决

策树 T 中的子树 S 用叶节点代替生成新树 T'，若 T' 误差小于或等于使用 T 所造成的误差，那么将该子树 S 替换为叶节点。REP 运算量少，结果误差小，但是往往会出现过多修剪现象，这是由于裁剪时忽略了训练集的潜在特性，因此 REP 并不适合小数据量场景。

b.悲观剪枝（PEP）。悲观剪枝根据剪枝前、剪枝后的错误率判断是否进行修剪。通过引入统计上的连续修正来解决 REP 的不足，在评估子树的错误率中增加了一个常数值，假设各个叶节点均对样本的局部进行不正确归类。PEP 算法首先确定叶节点的经验错误率，假设一个叶节点包含了 N 个样本，其中有 E 个错误，则该叶节点上的经验错误率为 $\dfrac{E+0.5}{N}$，0.5 是惩罚因子。若样本被错误分类，则将对应的误判样本数量 E_i 加 1，对于一棵包含 L 个叶节点的子树，错误率为

$$e = \frac{\sum E_i + 0.5L}{\sum N_i} \tag{11.16}$$

假设该树的误判次数满足伯努利分布，则误判次数 E 的均值和标准差计算式分别为

$$E = Ne$$
$$\mathrm{var} = \sqrt{Ne(1-e)} \tag{11.17}$$

把子树替换成叶节点之后，叶节点的误判次数也满足伯努利分布，均值为

$$E' = Ne \tag{11.18}$$

则剪枝的判断标准为

$$E + \mathrm{var} > E' \tag{11.19}$$

若满足式（11.19），则子树可被叶节点替代。

PEP 的优缺点如下。

PEP 的优点是精度较高，计算时间复杂度与未剪枝的非叶节点数呈线性关系，且不需要分离剪枝数据集，对于实例较少的问题十分有利。缺点是 PEP 因为是自顶向下剪枝，所以会出现和预剪枝一样的问题，当前剪枝无法保证一定有效。

c.代价复杂度剪枝（CCP）。CCP 分为两步。首先遍历决策树 T 中的每个非叶节点并计算 α 参数，并剪去最小的 α 值对应的子树，重复上述步骤直到遍历到根节点为止，根据剪枝顺序可以获得剪枝树序列 $\{T_0, T_1, \cdots, T_n\}$，$T_0$ 为决策树 T，T_n 为根节点，T_{i+1} 为对 T_i 剪枝的结果。其次，从序列中根据真实误差估计选择最佳的决

策树。CCP 最重要的部分是计算参数 α，其作用在于衡量剪枝的代价以及树的复杂度，代价是将子树 T_t 替换为叶节点后相比剪枝前增加的错误分类样本个数，复杂度是修剪后子树 T_t 中减少的叶节点数，α 定义为

$$\alpha = \frac{R(t) - R(T_t)}{|T_t| - 1} \tag{11.20}$$

其中，$R(t)$ 为节点 t 的错误代价，计算式为 $R(t) = r(t)p(t)$，$r(t)$ 为节点 t 的错分样本率，$p(t)$ 为落入节点 t 的样本占所有样本的比例；$R(T_t)$ 为子树的错误代价，计算式为 $R(T_t) = \sum R(i)$，i 为子树 T_t 的叶节点；$|T_t|$ 为子树 T_t 的叶节点数。

CCP 的优缺点如下。

CCP 得到的树是子树序列中的最优解，因此是 3 种后剪枝方法中最准确的。其缺点是计算复杂度太大。

2. 集成学习

集成学习，也被称为多分类器系统，通过构建和组合多个弱分类器进行学习和分类。

图 11.7 所示为集成学习的结构。首先，生成一组个体学习器，然后通过集成策略将其组合成一个组合模块。个体学习器通常通过现有的学习算法（如决策树）从训练数据集中学习，再使用集成策略将它们组合起来变成一个组合模块。常见的决策树相关的学习算法有 ID3、C4.5 和 CART 3 种。集成策略有两种，第一种是同质集成，即所有个体学习器使用的都是同类算法，其中，个体学习器被称为基学习器，其对应的算法被称为基学习算法；第二种是异质集成，即不同个体学习器使用不同类型的学习算法，如神经网络、支持向量机等。

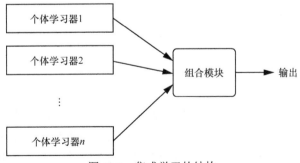

图 11.7 集成学习的结构

集成学习由于结合了不同个体学习器的优势，因此通常比单一学习的泛化性能更强。机器学习的目标是训练出一个稳定且泛化性能良好的模型，但有时我们只能得到多个具有偏好的模型（只在某个方面表现良好，但不具备一般特性），这

种模型就是弱学习器。集成学习就是将弱学习器结合起来，以获得更好、更全面的强学习器。其基本思想是，即使一个较弱的学习器做出了错误的预测，其他较弱的学习器也可以纠正错误。

根据个体学习器的生成模式，目前的集成学习方法大致可以分为两类：一类是序列化方法，即个体学习器之间存在很强的依赖性，必须串行组合在一起；另一类是可以同时生成个体学习器的并行化方法，个体学习器之间没有很强的依赖性。前者代表是 Boosting，而后者代表有 Bagging 和随机森林。

（1）Boosting 原理与实现

Boosting 是将弱学习器升级为强学习器的算法，其工作原理如下。首先，通过训练集训练一个基学习器。然后，根据基学习器的性能来调整训练样本的分配，从而在以后的训练中更加关注被基学习器分类错误的样本，在调整样本分布的基础上进行下一步的训练。重复上述步骤，直至生成的学习器个数达到预定的值，最后，将基学习器加权合并。

Boosting 需要基学习器能够学习某一具体的数据分布，可以采用重赋权法来实现，在训练循环中，按照分布给每次训练的样本分配一个加权。如果基学习算法不能接受加权样本，则可以采用重采样法，在每个学习周期内，根据样本的分布再次采样，然后用采样得到的采样集合来进行基学习器训练。总体来说，重赋权法与重采样法并无明显的优劣之分。需要指出的是，Boosting会在每次的训练中检验当前生成的基学习器是否符合条件，如果不符合，当前的基学习器就会被放弃。在这种情况下，预定的循环次数可能远远没有达到，这会造成最后的合并过程中仅有少量的基学习器，从而降低集成学习的运行效率。如果使用重采样法，可以得到"重启动"的机会，从而防止提前终止，也就是在放弃不满足条件的基学习器后，可以按照当前的分布对训练样本进行采样，然后在新的采样基础上，对基学习器进行重新训练，因此可以达到预定的循环次数。从偏差-方差分解的角度分析，Boosting 更侧重于减少偏差，所以 Boosting 可以以较差泛化能力的学习器为基础，构造一个强大的集成学习器。

（2）Bagging 原理与实现

Bagging 是一种以自助采样法为基础的并行式集成学习方法。在一个含有 m 个样本的原始数据集中，我们首先将一个随机样本抽取到样本集中，然后将其重新放到原始数据集，在下一次采样时仍然可以选择这个样本。在此基础上，通过 m 次随机采样，获得了包含 m 个样本的样本集，有些样本在样本集中会出现很多次，而有些样本没有出现。

这样，我们就可以得到 T 个包含 m 个训练样本的样本集，在此基础上，根据每个样本集的训练生成一个学习器，并把它们组合在一起。这是最基础的

Bagging 方法步骤。在组合预测结果时，Bagging 一般采用简单的投票方法来处理分类任务。当两个类别在分类预测中都有相同的票数时，最简单的方法就是随机选取一个，或者根据学习器投票的置信程度来选取。Bagging 的具体描述如算法 11.2 所示。

算法 11.2 Bagging

输入 训练集合 $D = \{(x_1, y_1), (x_2, y_2), \cdots, (x_m, y_m)\}$，训练轮数 T，学习器算法 φ

输出 强学习器 $f(x) = \text{argmax}_{y \in Y} \sum_{t=1}^{T} \prod (\varphi_t(x) = y)$

1) for $t = 1$ to T do

2) 对训练集进行第 t 次随机采样，共采集 m 次，得到包含 m 个样本的样本集 D_t

3) 用样本集 D_t 训练第 D_t 个学习器 $\varphi_t(x)$

4) end for

从偏差–方差分解的角度分析，Bagging 以减少方差为主，因而在未剪枝决策树和神经网络等易受到样本干扰的学习器中性能更好。

（3）随机森林原理与实现

随机森林是 Bagging 的一个扩展变体，由多个决策树构成，不同决策树之间没有关联。在进行分类任务时，森林中的每棵决策树分别进行判断和分类，从而得到分类结果，所有决策树的分类结果中哪一个分类最多，那么随机森林就会把这个分类作为最终的结果。

随机森林的构造过程如下。

① 如果训练需要 N 个样本，则可以有放回地随机抽取 N 个样本，训练出一棵决策树，并将样本作为决策树根节点处的样本。

② 假设各样本具有 d 项特征，当决策树上各节点进行分裂时，可以从 d 项特征中任意选择 k 项。接着利用信息增益等分裂策略从 k 项特征中选择一项作为节点的分裂特征。

③ 在决策树生成的时候，每一个节点都通过第②步进行分裂，直至无法再次进行分裂。决策树在整个生成阶段不需要修剪。

④ 根据第①~③步，生成许多决策树，从而形成森林。

以决策树为基础，随机森林建立了 Bagging 集成，并选取随机特征引入决策树的训练中。特别地，传统的决策树在选取划分特征时，会从现有的一组特征（假设存在 d 种特征）中选取一种最佳的特征；在随机森林中，首先从基决策树各个节点的特征集中随机选取一个具有 k 个特征的子集，然后从这个子集中选出最优的特征进行划分。参数 k 可以控制随机引入的程度：如果 $k=d$，则构造出与传统的决策树一样的基决策树；如果 $k=1$，则随机选取一种特征进行划分；通常，建

议使用 $k=\text{lb}\,d$。具体流程如算法 11.3 所示。

算法 11.3 随机森林

输入 训练集合 $D=\{(x_1,y_1),(x_2,y_2),\cdots,(x_m,y_m)\}$，训练轮数 T，弱学习器 h。

输出 强学习器 $f(x)$

1) for $t=1$ to T do

2) 对训练集进行第 t 次随机采样，共采集 m 次，得到包含 m 个样本的样本集 D_t

3) 用样本集 D_t 训练第 D_t 个决策树模型 $h_t(x)$。在训练决策树节点时，在节点上所有的样本特征中抽取一部分样本特征，选择一个最优的特征用于决策树的子树划分。

4) end for

随机森林简单，易于实现，计算开销小，在许多实际应用中表现出惊人的性能，被称为"代表集成学习技术水平的方法"。可以看到，随机森林只是在 Bagging 上做了细微的改变，但它的"多样性"与 Bagging 中基学习器的"多样性"只来源于样本扰动（对原始的训练集进行采样）有所不同，随机森林中基学习器的多样性既来源于样本扰动，也来源于属性扰动，因此，单个学习器间的差别越大，最终整合的泛化性能就越强。

随机森林的优缺点如下。由于引入了随机性，随机森林不容易陷入过拟合且在不平衡的数据集上可以平衡误差；随机森林还可以处理高维数据，并且训练速度快。其缺点是在噪声比较大的分类问题中会出现过拟合现象。

（4）代码实现

```
1) class randomForest:
2)     def __init__(self, trees_num, max_depth, leaf_min_size,
sample_ratio, feature_ratio):
3)         self.trees_num = trees_num              # 随机森林中决
策树的数目
4)         self.max_depth = max_depth              # 决策树深
5)         self.leaf_min_size = leaf_min_size      # 建立决策树时,
停止分裂的最小样本数目
6)         self.samples_split_ratio = sample_ratio # 采样,创建子集
的比例（行采样）
7)         self.feature_ratio = feature_ratio      # 特征比例（列采
样）
8)         self.trees = list()                     # 随机森林
9)     ''''有放回地采样,创建数据子集'''
10)     def sample_split(self, dataset):
11)         sample = list()
```

```
12)         n_sample = round(len(dataset) * self.samples_split_
ratio)
13)         while len(sample) < n_sample:
14)             index = randint(0, len(dataset) - 2)
15)             sample.append(dataset[index])
16)         return sample
17)     '''''建立随机森林'''
18)     def build_randomforest(self, train):
19)         max_depth = self.max_depth
20)         min_size = self.leaf_min_size
21)         n_trees = self.trees_num
22)         n_features = int(self.feature_ratio * (len(train[0])-
1))#列采样,从 M 个 feature 中,选择 m 个(m<<M)
23)         for i in range(n_trees):
24)             sample = self.sample_split(train)
25)             tree = build_one_tree(sample, max_depth, min_size,
n_features)
26)             self.trees.append(tree)
27)         return self.trees
28)     '''''随机森林预测的多数表决'''
29)     def bagging_predict(self, onetestdata):
30)         predictions = [predict(tree, onetestdata) for tree
in self.trees]
31)         return max(set(predictions), key=predictions.count)
32)     '''''计算建立的随机森林的精确度'''
33)     def accuracy_metric(self, testdata):
34)         correct = 0
35)         for i in range(len(testdata)):
36)             predicted = self.bagging_predict(testdata[i])
37)             if testdata[i][-1] == predicted:
38)                 correct += 1
39)         return correct / float(len(testdata)) * 100.0
```

11.1.2.3　SVM

SVM 是一种基于最大间隔的线性分类器,其最大间隔使其与感知机不同。支持向量机的学习策略是最大化间隔,它可以被形式化为一种凸二次规划问题,而 SVM 的学习算法就是求解该问题的最优解的算法。

1.　间隔和支持向量

给定训练样本集 $D = \{(\boldsymbol{x}_1, y_1), (\boldsymbol{x}_2, y_2), \cdots, (\boldsymbol{x}_m, y_m)\}, y_i \in (-1,1)$,$\boldsymbol{x}_i$ 为第 i 个特征向量,也称为实例,y_i 为 $\boldsymbol{x}_i$ 的类标记,当 $y_i=1$ 时,称 $\boldsymbol{x}_i$ 为正例;当 $y_i=-1$ 时,称 $\boldsymbol{x}_i$ 为负例,$(\boldsymbol{x}_i, y_i)$ 为样本点。假设样本集线性可分,分类学习最基本的思路就是基

于训练集 D 在样本空间中找到一个划分超平面，将不同类别的样本分开。但能将训练样本分开的划分超平面有很多，如图 11.8 所示，那么如何选择最佳的超平面就是接下来我们需要考虑的问题。

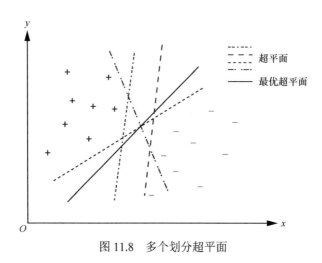

图 11.8　多个划分超平面

在样本空间中，可以用线性方程来表示划分超平面，即

$$\boldsymbol{\omega}^{\mathrm{T}}\boldsymbol{x} + b = 0 \tag{11.21}$$

其中，$\boldsymbol{\omega} = (\omega_1, \omega_2, \cdots, \omega_d)$ 是确定超平面方向的法向量，b 是确定超平面到原点的位移项。可以用法向量 $\boldsymbol{\omega}$ 和位移项 b 来决定划分超平面，用 $(\boldsymbol{\omega}, b)$ 表示超平面。任一点 x 到超平面 $(\boldsymbol{\omega}, b)$ 的距离为

$$r = \frac{|\boldsymbol{\omega}^{\mathrm{T}} x + b|}{\|\boldsymbol{\omega}\|} \tag{11.22}$$

假设超平面 $(\boldsymbol{\omega}, b)$ 能将训练样本正确分类，即对于 $(\boldsymbol{x}_i, y_i) \in D$，若 $y_i = 1$，则有 $\boldsymbol{\omega}^{\mathrm{T}}\boldsymbol{x}_i + b > 0$；若 $y_i = -1$，则有 $\boldsymbol{\omega}^{\mathrm{T}}\boldsymbol{x}_i + b < 0$，令

$$\begin{cases} \boldsymbol{\omega}^{\mathrm{T}}\boldsymbol{x}_i + b \geqslant +1 & y_i = 1 \\ \boldsymbol{\omega}^{\mathrm{T}}\boldsymbol{x}_i + b \leqslant -1 & y_i = -1 \end{cases} \tag{11.23}$$

从图 11.8 中可以看出，最接近超平面的训练样本使式（11.23）成立，这些样本就是支持矢量。两个不同类型的支持向量与超平面之间的距离之和为

$$\gamma = \frac{2}{\|\boldsymbol{\omega}\|} \tag{11.24}$$

γ 被称为"间隔"。

可以看出，如果间隔最大，那么划分超平面的效果最好。要找出具有最大间隔的划分超平面，需先找到满足式（11.22）约束的参数 $\boldsymbol{\omega}$ 和 b；使 γ 最大，显然只需最小化 $\|\boldsymbol{\omega}\|^2$，因此，原问题就转化成了求解 $\frac{1}{2}\|\boldsymbol{\omega}\|^2$ 最小值的问题，即

$$\min_{\boldsymbol{\omega},b} \frac{1}{2}\|\boldsymbol{\omega}\|^2, \text{ s.t. } y_i(\boldsymbol{\omega}^{\mathrm{T}}\boldsymbol{x}_i+b) \geqslant 1, \ i=1,2,\cdots,m \qquad (11.25)$$

式（11.25）就是支持向量机的基本型。支持向量与间隔如图 11.9 所示。

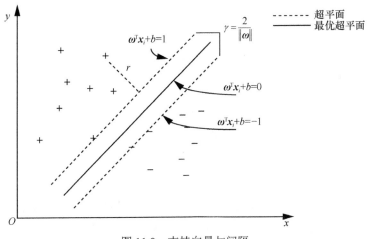

图 11.9 支持向量与间隔

2. 对偶问题

可以将 SVM 的基本型求解看作凸二次规划问题的求解。利用拉格朗日乘子方法，可以把初始问题转换成对偶问题（因为对偶问题通常复杂度比初始问题低），即对基本型的每个约束添加一个拉格朗日乘子 $\alpha_i \geqslant 0$，则对应的拉格朗日函数为

$$L(\boldsymbol{\omega},b,\alpha) = \frac{1}{2}\|\boldsymbol{\omega}\|^2 + \sum_{i=1}^{m}\alpha_i(1-y_i(\boldsymbol{\omega}^{\mathrm{T}}\boldsymbol{x}_i+b)) \qquad (11.26)$$

其中，$\alpha = (\alpha_1, \alpha_2, \cdots, \alpha_m)$。令 $L(\boldsymbol{\omega},b,\alpha)$ 对 $\boldsymbol{\omega}$ 和 b 的偏导数为 0 可得

$$\boldsymbol{\omega} = \sum_{i=1}^{m}\alpha_i y_i \boldsymbol{x}_i$$

$$\sum_{i=1}^{m} \alpha_i y_i = 0 \qquad (11.27)$$

将 $\boldsymbol{\omega}$ 代入拉格朗日函数中即可消去 $\boldsymbol{\omega}$ 和 b，得到对偶问题为

$$\max_{\alpha} \sum_{i=1}^{m} \alpha_i - \frac{1}{2} \sum_{i=1}^{m} \sum_{j=1}^{m} \alpha_i \alpha_j y_i y_j \boldsymbol{x}_i^{\mathrm{T}} \boldsymbol{x}_j$$

$$\text{s.t.} \sum_{i=1}^{m} \alpha_i y_i = 0, \alpha_i \geqslant 0, i = 1, 2, \cdots, m \qquad (11.28)$$

求解式（11.28）得到 α 之后，求出 $\boldsymbol{\omega}$ 和 b 即可得到模型为

$$f(x) = \boldsymbol{\omega}^{\mathrm{T}} x + b = \sum_{i=1}^{m} \alpha_i y_i \boldsymbol{x}_i^{\mathrm{T}} \boldsymbol{x} + b \qquad (11.29)$$

由对偶问题求解出的拉格朗日乘子 α_i 对应训练样本 $(\boldsymbol{x}_i, y_i)$，而上述过程需满足库恩塔克（KKT）条件，即

$$\begin{cases} & \alpha_i \geqslant 0 \\ & y_i f(\boldsymbol{x}_i) - 1 \geqslant 0 \\ & \alpha_i (y_i f(\boldsymbol{x}_i) - 1) = 0 \end{cases} \qquad (11.30)$$

对任意样本 $(\boldsymbol{x}_i, y_i)$，总有 $\alpha_i = 0$ 或 $y_i f(\boldsymbol{x}_i) = 1$。若 $\alpha_i = 0$，则该样本不会对 $f(\boldsymbol{x}_i)$ 产生影响；若 $\alpha_i > 0$，则有 $y_i f(\boldsymbol{x}_i) = 1$，且在最大间隔边界上相应的样本是一个支持矢量。由此可得出了支持向量机的特征为：训练结束后，大多数样本都不需要保持，最后的模型只与支持向量有关。

对偶问题求解可使用通用的二次规划算法或序列最小优化（SMO）算法等高效算法，具体求解过程读者可自行查阅相关资料。

3. 代码实现

```
（1）import numpy as np
（2）def svm_loss_naive(W, X, y, reg):
（3）    dW = np.zeros(W.shape)    # initialize the gradient as zero
（4）    # compute the loss and the gradient
（5）    num_classes = W.shape[1]
（6）    num_train = X.shape[0]
（7）    loss = 0.0
（8）    for i in xrange(num_train):
（9）        scores = X[i].dot(W)
（10）        correct_class_score = scores[y[i]]
```

```
（11）            for j in xrange(num_classes):
（12）                if j == y[i]:
（13）                    continue
（14）                # 叠加 margin
（15）                margin = scores[j] - correct_class_score + 1    #
note delta = 1
（16）                if margin > 0:
（17）                    loss += margin
（18）                    dW[:, y[i]] += -X[i, :]        # 根据公式
∇Wyi Li = - xiT(∑j≠yi1(xiWj - xiWyi +1>0)) + 2λWyi
（19）                    dW[:, j] += X[i, :]                # 根据公
式 ∇Wj Li = xiT 1(xiWj - xiWyi +1>0) + 2λWj , (j≠yi)
（20）    # Right now the loss is a sum over all training examples
, but we want it
（21）    # to be an average instead so we divide by num_train
（22）    loss /= num_train
（23）    dW /= num_train
（24）    # Add regularization to the loss
（25）    loss += 0.5 * reg * np.sum(W * W)
（26）    dW += reg * W
（27）    return loss, dW
```

11.2　分类器训练实验

11.2.1　实验概述

实验目的如下。

（1）了解常用的机器学习分类算法及其原理。

（2）学习开源机器学习算法库 Sklearn 的使用方法、机器学习分类任务的主要流程。

（3）了解 KNN 模型的基础使用方法，使用学习到的知识识别匿名网页流量，调整 KNN 模型的相关参数，使 KNN 模型识别匿名流量的效果较好。

实验资源如下。

（1）硬件资源：一台计算机。

（2）软件资源：Windows10 操作系统，Python3.7 及以上版本，Sklearn Python库。

11.2.2　实验步骤

11.2.2.1　Sklearn 使用方法

1. Sklearn 数据集

Sklearn 提供一些小的标准数据集，我们不必从其他网站寻找数据进行训练，当然 Sklearn 也支持自建数据集。

本节实验采用 iris 数据集。该数据集包含 150 个鸢尾花样本（3 种鸢尾花，每种 50 个样本），以及每个鸢尾花样本的 4 种关于花外形的数据，适用于分类问题。

除了 Sklearn 提供的数据集外，我们还可以加载其他数据集。例如，Sklearn 适用于存储为 NumPy 数组或者 SciPy 稀疏数组的任何数值数据，其他可以转化成数值数据的类型也可以接受。

将标准纵列形式的数据转换为 Sklearn 可以使用的数据形式的方法如下。

- pandas.io 提供了从常见格式（包括 CSV、Excel、JSON、SQL 等）中读取数据的工具。DateFrame 也可以从由元组或者字典组成的列表构建而成。pandas 能顺利地处理异构数据，并且提供了处理和转换成方便 Sklearn 使用的数值数据的工具。
- scipy.io 用于处理科学计算领域经常使用的二进制格式数据，例如.mat 和 ARFF 的数据。
- numpy/routines.io 用于将纵列形式的数据标准加载到 NumPy 数组。
- Sklearn 的 datasets.load_svmlight_file 用于处理 svmlight 或者 libSVM 稀疏矩阵。
- Sklearn 的 datasets.load_files 用于处理文本文件组成的目录，目录名是类别的名称，目录内的一个文件对应该类别的一个样本。

2. Sklearn KNN 算法

Sklearn 提供了丰富的机器学习算法，我们以 KNN 算法为例进行实验，KNN 提供了丰富的可调整的参数。

引入方法为：from sklearn.neighbors import KNeighborsClassifier。

使用方法为：knn = KNeighborsClassifier(参数列表)。

其构造函数 __init__ 如下。

```
（1）def __init__(self, n_neighbors=5, weights=' uniform',
algorithm=' auto', leaf_size=30, p=2, metric='minkowski',
（2）metric params = None, njobs = None,** kwargs):
```

从其构造函数中可以看到可调整的参数如下。

- n_neighbors。默认为 5，表示 KNN 中的 k 的值，即选取最近的 k 个点。
- weights。默认为 uniform，参数可以是 uniform、distance，也可以是用户自

定义的函数。uniform 是均等的权重，就说所有的邻近点的权重都是相等的。distance 是不均等的权重，即距离近的点比距离远的点的影响大。用户自定义的函数，接收距离的数组，返回一组维数相同的权重。

- algorithm。默认为 auto，即自动选择合适的搜索算法。用户也可以指定搜索算法，如 ball_tree 算法、kd_tree 算法、brute 算法。brute 算法为穷举搜索算法，采用线性扫描，当训练集很大时，计算非常耗时。kd_tree 算法通过构造 kd 树存储数据，以便对其进行快速检索。kd 树就是数据结构中的二叉树，是以中值切分构造的树，每个节点是一个超矩形。在维数小于 20 时，kd_tree 算法效率较高。ball_tree 算法是为了克服 kd_tree 算法高维失效问题而发明的，ball 树构造过程是以质心 C 和半径 r 分割样本空间，每个节点是一个超球体。

- leaf_size。默认为 30，表示构造的 kd 树和 ball 树的大小。该参数会对树的构建速度、搜索效率以及存储树状结构所需的内存产生影响，因此需要根据问题的特性来确定最佳值。

- metric。用于距离度量，默认为 minkowski，也就是 $p=2$ 的欧氏距离。

- p。默认为 2，表示使用欧氏距离公式进行距离度量；也可以设置为 1，表示使用曼哈顿距离公式进行距离度量。

- metric_params。距离公式的其他关键参数。这个参数可以不做设置，使用默认设置 None 即可。

- n_jobs。并行处理设置。默认为 1，表示近邻点搜索并行工作数；也可以设置为−1，表示 CPU 的所有内核都用于并行工作。

3. Sklearn 模型评估

模型评估使用的包为 sklearn.metrics，包含评估方法、性能度量、成对度量和距离计算。各类评估方法的输入大多为 y_true 和 y_pred。

具体评估指标如下：accuracy_score 表示分类准确度；condution_matrix 表示分类混淆矩阵；classification_report 表示分类报告；precision_recall_fscore_support 表示精确度、召回率、F 得分、支持度；jaccard_similarity_score 表示 jaccard 相似度；hamming_loss 表示汉明损失；zero_one_loss 表示 0-1 损失；hinge_loss 表示 hinge 损失；log_loss 表示 log 损失等。

各个指标具体的意义我们将在第 12 章进行阐述，本节实验仅使用最简单的 accuracy_score 对模型进行评估。accuracy_score 指标易于理解，但它无法确定可能存在的响应值分布，以及分类器的分类错误的种类。accuracy_score 函数形式如下。

```
sklearn.metrics.accuracy_score(y_true, y_pred, normalize=True,
sample_weight=None)
```

其中，参数 normalize 默认为 True，即返回正确分类样本所占的比例；当 normalize 设置为 False 时，函数将会返回正确分类样本的个数。

4. Sklearn 通用学习模式

Sklearn 中有多种机器学习的算法，不同算法的使用方式类似，包括：引入分类器，设置分类器相关参数，引入数据集，将数据集分割为训练集和测试集，使用训练集训练分类器，使用测试集评估分类器的好坏。我们在这里介绍 Sklearn 通用学习模式，利用 KNN 分类器识别 Sklearn 自带数据集中的 iris 数据集。

打开 Python 编辑器（如 pycharm）新建 Python 文件，引入所需的 Python 模块，包括数据集、训练集测试集分割模块、KNN 分类器、评估分类准确率的模块，代码如下。

（1）**from** sklearn **import** datasets#引入数据集
（2）**from** sklearn.model_selection **import** train_test_split#引入训练集测试集分割模块
（3）**from** sklearn.neighbors **import** KNeighborsClassifier#引入 KNN 分类器
（4）**from** sklearn.metrics **import** accuracy_score#引入评估分类准确率的模块

引入训练和测试所需的数据，这里使用 iris 数据，代码如下。

（1）iris=datasets.load_iris()#引入 iris 数据
（2）iris_X=iris.data#特征变量，如花色、花的大小等
（3）iris_y=iris.target#目标值，即花的类别
（4）X_train,X_test,y_train,y_test=train_test_split(iris_X,iris_y,test_size=0.3)#利用函数 train_test_split 将训练集和测试集分开，test_size 为 30%

使用训练集 X_train 训练 KNN 分类器，代码如下。

（1）knn=KNeighborsClassifier()#引入训练方法，可以设置相关参数
（2）knn.fit(X_train, y_train)#进行填充测试数据进行训练
（3）使用 KNN 预测 X_test 的标签：
（4）y_predict=knn.predict(X_test)

输出预测值与实际值，查看分类结果，代码如下。

（1）**print**("y_test", y_test)
（2）**print**("y_predict", y_predict)
（3）使用预测值和真实值评测本次分类的准确率：
（4）**print**(accuracy_score(y_test, y_predict))

11.2.2.2 加载数据训练和评估模型

机器学习是一种通过计算和经验来提高机器能力的方法，这种经验一般都是以数据形式出现的，而机器提高自己的能力的方法被称为学习算法。我们输入数

据，学习算法就可以产生一个模型，在接收新的数据时，模型就可以做出相应的判断。

常见的机器学习分类器包括 KNN 分类器、RF 分类器、SVM 分类器。本节实验将分别采用这 3 种分类器，从 ARFF 匿名网页流量数据集中加载数据，并完成其归一化，最终生成的 anonymousDataSetNormalized 和 dataset_label 作为特征集与标签，测试不同方法下的分类结果，具体代码如下。

（1）**from** sklearn.model_selection **import** train_test_split#引入训练集测试集分割模块

（2）**from** sklearn.metrics **import** accuracy_score#引入评估分类准确率的模块

（3）#将数据集按照训练集:测试集=4:1 的比例进行分割,分割后的变量名为 X_train,X_test,y_train,y_test

（4）X_train, X_test, y_train, y_test = train_test_split(anonymous DataSetNormalized, dataset_label, test_size = 0.2, random_state = 0)

（5）#使用 X_train ,y_train 分别训练 KNN 分类器、RF 分类器和 SVM 分类器,并预测 X_test 的类别 y_knn_predict, y_rf_predict, y_svm_predict

（6）**from** sklearn.neighbors **import** KNeighborsClassifier#利用 KNN 分类器训练数据

（7）classifier = KNeighborsClassifier(n_neighbors = 3)#n_neighbors 选取最近的 k 个点

（8）classifier.fit(X_train, y_train)

（9）y_knn_predict = classifier.predict(X_test)

（10）#使用预测值和真实值评估本次分类准确率

（11）**print**('KNN 的准确率为: ',accuracy_score(y_test, y_knn_predict)* 100, '%')

（12）**from** sklearn.ensemble **import** RandomForestClassifier#利用 RF 分类器训练数据

（13）classifier = RandomForestClassifier(n_estimators = 5, criterion = 'entropy', random_state = 0)#n_estimators 子树数量,criterion 决策树分裂的标准,random_state 伪随机数发生器的种子

（14）classifier.fit(X_train, y_train)

（15）y_rf_predict = classifier.predict(X_test)

（16）#使用预测值和真实值评估本次分类的准确率

（17）**print**('RF 的准确率为: ',accuracy_score(y_test, y_rf_predict)* 100, '%')

（18）**from** sklearn.svm **import** SVC#利用 SVM 分类器训练数据

（19）classifier = SVC(kernel = 'linear', random_state = 0)#kernel 算法中采用的核函数类型,random_state 伪随机数发生器的种子

（20）classifier.fit(X_train, y_train)

（21）y_svm_predict = classifier.predict(X_test)

（22）#使用预测值和真实值评估本次分类的准确率

（23）**print**('SVM 的准确率为: ',accuracy_score(y_test, y_svm_predict)*100, '%')

3 种分类器的分类准确率对比如图 11.10 所示。从图 11.10 可以看出，RF 分类器的分类准确率最高，SVM 分类器的分类准确率最低。

```
KNN分类器的分类准确率为: 68.0%
RF分类器的分类准确率为: 76.0%
SVM分类器的分类准确率为: 32.0%
```

图 11.10　3 种分类器的分类准确率对比

第**12**章

可信度：检测模型评估

评估是机器学习能否取得真正进展的重要环节，要决定采取何种方法来解决某一具体问题，需要对不同的方法进行系统的比较和评估。我们发现模型在训练集上表现好并不意味着在测试集上有同样好的表现。因此，我们需要模型性能预测方法。

当数据来源充足时，只需要在大型的训练集中进行建模，并在其他大型的测试集中进行验证。虽然数据挖掘时常涉及"大数据"，特别是在市场、销售和客户支持应用中，但是也经常出现有质量的数据匮乏的情形。例如，对于匿名流量数据，我们往往无法持续消耗大量的时间、内存等资源去采集充足的数据集。因此，基于有限数据的性能预测一直是存在争议的问题。

性能预测对应许多不同的技术，其中交叉验证在实践中是适合大部分有限数据情形的预测方法。比较不同的机器学习方法在某个给定问题上的性能并非易事，我们需要用统计学来确定哪些明显的差异并非偶然产生的。

到目前为止，我们默认所要预测的是对测试实例进行正确分类的能力。然而，在某些情况下，需要预测分类概率而非类别本身；还有一些情况下，需要预测数值型而不是非数值型属性值，因此需要视不同情形而使用不同的方法。接下来我们需要注意的是成本问题，在大多数的实际数据挖掘情形中，分类错误的成本是由错误的类型所决定的，如错误是将一个正例错误地归类为负例，还是将负例归类为正例。在进行数据挖掘及性能评估时，这些成本的考虑是非常重要的。采用一些简单的技术能使大多数的学习算法具有成本敏感性，而不需要在算法内部实现。本章将详细介绍常用模型评估的相关内容。

12.1 理论基础

12.1.1 训练和测试

在分类问题上，误差率用于度量一个分类器的性能。误差率是指在整个集合中的分类错误样本的占比。

当然，我们感兴趣的是分类器对未来新数据（而非旧数据）的分类效果。训练集中每个实例的类都是已知的，正因为如此才能用它进行训练。但是在旧数据集上得出的误差率不能代表在新数据集上的误差率，如果分类器是用旧数据集训练出来的，那么分类器所得出的误差率就不能很好地反映分类器未来的工作性能。这是由于分类器是从同样的数据中训练得到的，因此在相同数据集下，这个分类器所做的所有的评估都很好。

在一般情况下，用于训练机器学习模型的数据总是欠缺的，很难与真实的数据具有完全相同的分布。而机器学习的主要任务就是使用给定的训练数据来训练模型的参数，使其能够拟合现有的训练数据。因此，即使机器学习模型在现有数据集上能够取得良好的效果，在实际应用过程中也不一定能很好地拟合真实数据。

通过对训练数据进行检验得出的误差率被称作"再代入误差率"，该误差率是将训练样本代入由训练样本生成的分类器进行重新运算得出的。尽管该方法无法准确地反映新数据中的正确误差率，但仍具有一定的参考意义，可以用来评估模型的偏差。

为了衡量分类器对新的数据进行预测的性能，需要一个未参与分类器训练过程的数据集，并对其误差率进行评估。这个单独的数据集被称为测试集。我们假定训练集和测试集都是由代表性的样本组成。也就是训练集和测试集是同分布的。

在某些情况下，测试数据也许和训练数据存在明显的差别。例如，假设我们需要训练一个用于识别图片中有没有猫的模型，训练数据可能是从网络上寻找的高清图片，而测试数据则是用户拍摄的清晰度不一的图片，这时候如果我们使用能够识别高清图片的模型来识别模糊的图片，模型的性能一定很差。

测试数据不能以任何方式参与分类器的创建，这点非常重要。举例来说，一些学习算法分为两个阶段，一是基础结构的构建，二是对结构中的各种参数进行优化。这两个阶段都要求使用不同的数据；也可以尝试使用不同的训练数据，并用新的数据来评价这些分类器的性能。但没有一种数据可以用来估算将来的误差率。

首先，我们在一个或多个的学习算法中使用训练数据建立分类器；其次，利用验证数据对分类参数进行优化或选取特定的分类器；最后，利用测试数据对所设计的最佳分类器进行误差分析。三组数据必须保持各自的独立性，为了更好地进行优化和选择，验证数据集必须区别于训练数据集，而测试数据集必须区别于其他两组以得到正确的误差率。

当误差率被确定后，就可以把测试数据整合到训练数据中，从而生成一个用于实际应用的新分类器。使用尽可能多的数据来建立分类器是一种实践中常用的方法。对于表现好的学习算法，这样做不会降低预测性能。同样，一旦验证数据已被使用（也许用于选择最好的学习算法），可以将验证数据并入训练数据，尽量利用数据对分类器进行再训练。

如果数据充足，可以取一个足够大的样本用于训练，取另一个不同的且独立的大样本用于测试。这两个样本都具有代表性，从测试数据中得到的误差率会反映分类器将来的实际表现。一般来说，训练样本越大，分类效果越好；验证样本越大，则分类器性能提升越慢；测试样本越大，则误差估算越精确。误差估计的准确性可从统计学角度进行量化，在这里我们不做过多的讲解。

在很多情况下，训练数据都要经过人工分类，而为了对测试数据进行误差估计也要进行人工分类。这使训练、验证和测试所需的数据数量十分有限。问题是如何充分利用这些有限的数据。旁置过程即把数据集的一部分用于测试，其余的数据则用于训练（如果需要，还可以保留一部分进行验证）。为了获得一个好的分类器，必须有足够的数据来进行训练；为了获得精确的误差估算，必须提供大量的测试数据。那么在有限的数据集中，如何进行有效的采样评估是需要解决的问题。

12.1.2　交叉验证

交叉验证是模型选择方法中最常见的一种。当给定的样本足够多时，一个很简单的方法就是把一个数据集随机分为 3 个部分，分别为训练集、验证集和测试集，分别用于训练模型、选择模型和评估模型，对于学习到的多个模型，验证时误差最小的那个模型即最佳选择。

然而，实际应用中数据通常并不充分，因此，可以通过交叉验证来选取模型。通过对给定的数据进行分割，将分割后的数据集合并成训练集和测试集，并对模型进行反复的训练、测试和选取。

（1）简易的交叉验证

简易的交叉验证是指将现有的数据随机分成两组，一组为训练集，另一组为测试集（如 70% 的数据作为训练集，30% 的数据作为测试集）；在不同的情况下（如不同的参数），利用训练集对模型进行训练，以获得不同的模型；通过对各模型的测试误差进行评估，从中筛选最小测试误差对应的模型。

（2）K 折交叉验证

最常用的 K 折交叉验证的步骤如下。首先，将现有的数据随机分成 K 个大小相等且不相交的子集；然后，用 $K-1$ 个子集的数据进行训练，用剩余的子集测试模型，反复进行 S 次；最后，选取 K 次评估中平均误差最低的模型。通常选取 $K=10$，也就是 10 折交叉验证。

12.1.3　其他采样方法

10 折交叉验证是衡量将学习算法应用于某数据集上的误差率的标准方法，为得到可靠的结果，通常使用 10 次 10 折交叉验证。此外，还有许多其他可行的方法，其中两个较常用的方法是留一法交叉验证和自助法交叉验证。

12.1.3.1 留一法交叉验证

留一法交叉验证的实质是 n 折交叉验证，n 是数据集中样本实例的数量，其步骤如下。

步骤 1 不重复采样将原始数据集分为 n 份样本。

步骤 2 挑选一份样本作为测试集，剩余 $n-1$ 份样本用来训练分类器。

步骤 3 重复 n 次步骤 2，使每份样本都有机会作为测试集。

步骤 4 在每份训练集上训练得到一个模型，用这个模型作为分类器在相应的测试集上测试，计算并保存分类器的评估指标。

步骤 5 计算 n 次测试结果的平均值作为模型精度的估计值，并作为评价分类器性能的指标。

留一法交叉验证优势如下。第一，在训练中尽量多地利用数据，这样可以获得更精确的分类结果；第二，具有确定性，不需要随机采样。同时，留一法交叉验证的运算代价相对较高，需要进行 n 次学习，这对于大型的数据集是不适用的。留一法交叉验证的最大好处是可以从一组小数据中得到最精确的估计。

在进行留一法交叉验证时，不仅需要耗费大量的计算量，而且存在着一定的缺陷，即无法进行分层。例如，一个完全随机的数据集中含有数量相等的两个类，对于其中一个随机数据，最好的分类结果就是预测它属于多数类，其真实的误差率是 50%。但在留一法交叉验证的每次验证中，与测试实例相反的类在训练集上是多数类，因此分类结果总是错的，从而导致估计误差率达 100%。

12.1.3.2 自助法交叉验证

自助法交叉验证基于统计学的放回采样过程，采取放回采样数据集的方法来形成训练集。自助法交叉验证的一个特例是 0.632 自助法交叉验证。由 n 个样本组成的数据集，经过 n 次的放回采样，就构成了一个包含 n 个样本的新数据集。由于在第二个数据集中会有一些重复的样本，因此，在最初的数据集中一定会有一些没有被采样的样本，可以使用它们来作为测试样本。

对于一个样本，其被抽中的概率为 $\dfrac{1}{n}$，未被抽中的概率为 $1-\dfrac{1}{n}$，将这一概率相乘 n 次可得该样本在整个交叉验证过程中未被抽中的概率为

$$\left(1-\frac{1}{n}\right)^n \approx e^{-1} = 0.368 \tag{12.1}$$

因此，在一个庞大的数据集中，测试集中约有 36.8% 的样本，训练集中约有 63.2% 的样本，0.632 自助法交叉验证就是基于此原理。训练集包括了一部分的重复样本，但其总的容量与初始的数据集相同，都为 n。

使用该训练集训练出的分类器在估算误差率时将无法得到较精确的结果。这

是由于尽管该训练集的大小是 n，但是仅有 63.2%的原始数据集中的样本，少于 10 折交叉验证所使用的 90%的样本。

为弥补这一缺陷，可以采用自助法交叉验证，将根据测试集计算的误差率与根据训练集计算的再代入误差率相结合。相对于真实误差率，再代入误差率是一个过分乐观的估计，因此无法独立使用，将其与测试误差率结合起来，可得最终的误差率 e 为

$$e = 0.632e_{测试实例} + 0.368e_{训练实例} \tag{12.2}$$

将上述过程重复进行数遍，得到多个训练集和误差率，并对所有的误差率进行平均。

对于数据量较小的情况，自助法交叉验证可能是误差率估算的最好方法。但是，自助法交叉验证也有缺点，可以通过考虑一个非常特殊的、人为假设的情况来描述此问题。考虑一个包含同样大小的两类而且是完全随机的数据集。对任何预测规则来说，它的真实误差率都是 50%。但一个能记住整个训练集的学习算法会给出完美的 100%的再代入评分，使 $e_{训练实例} = 0$，0.632 自助法交叉验证再将它与权值 0.368 相乘，得出综合误差率为 $0.632 \times 50\% + 0.368 \times 0\% = 31.6\%$，这个结论未免过于乐观。

12.1.4　计算成本

前文都是基于误差率进行分析，没有将错误分类的代价问题纳入考量。如果不考虑误差的代价，将分类的正确率提高到极致往往会带来一些令人费解的后果。

对一个是（Y）或否（N）的二类问题，一个预测可能产生 4 种不同的结果，如表 12-1 所示。

表 12-1　二类问题的预测结果

实际类别	预测类别	
	Y	N
Y	真正例	假负例
N	假正例	真负例

当预测类别为 Y（即正例），实际类别也为 Y 时，该实例为真正例（TP）；当预测类别为 N（即负例），实际类别也为 N 时，该实例为真负例（TN）；当预测类别为 Y，但实际类别为 N 时，该实例为假正例（FP）；当预测类别为 N，但实际类别为 Y 时，该实例为假负例（FN）。真正率是 TP 的数量除以正例的总数 $TP + FN$；负正率是 FP 的数量除以负例的总数 $FP + TN$。整体的正确率是正确的分类数除以分类样本的总数，即

$$正确率 = \frac{TP+TN}{TP+TN+FP+FN} \tag{12.3}$$

误差率为

$$误差率 = 1 - \frac{TP+TN}{TP+TN+FP+FN} \tag{12.4}$$

多分类问题中，通常采用二维混淆矩阵来直观表示预测的详细结果，而每一种类型都有相应的数据行和数据列。每一个矩阵单元都表示了样本的数量，这个样本的实际类别以相应的数据行来表示，而预测类别就是相应的数据列所展示的类别。分类器性能较好则主对角线上的值较大，相反地，分类器性能不佳则主对角线的值较低（在理论上可以为 0）。

表 12-2 给出了一个三类问题的预测示例。在这个例子中，测试集有 200 个实例，其中，正确的预测数为 88+40+12=140，因此正确率是 70%。真实预测器预测 120 个测试样本属于 a 类，60 个属于 b 类，20 个属于 c 类。如果一个随机预测器也达到相同的预测数目，如表 12-2 所示，得到的分类结果矩阵每行、每列的总和与真实预测器的分类结果矩阵是相同的，实例数量没有改变，而且也保证了随机预测器与真实预测器对 a、b、c 三个类的预测数目是相等的。

表 12-2　一个三类问题的预测示例

真实预测器					随机预测器				
实际类别	预测类别				实际类别	预测类别			
	a	b	c	合计		a	b	c	合计
a	88	10	2	100	a	60	30	10	100
b	14	40	6	60	b	36	18	6	60
c	18	10	12	40	c	24	12	4	40
合计	120	60	20		合计	120	60	20	

这个随机预测器使 60+18+4=82 个实例获得了正确的预测。一种被称为 Kappa 统计的测量方法包括了这种随机预测的期望值，在预测成功的数量中减去该期望值，并且把其与一个随机的预测器的结果的比例作为结果表示。即从 200-82=118 个可能的预测成功数中得到 140-82=58 个额外的预测成功数。最大 Kappa 值为 100%，而带有同一列的随机预测器的 Kappa 期望为 0。总体而言，Kappa 统计是用来测量一个数据集中的预测类别与实际类别是否一致，以及对偶然得到的正确预测进行修正。但是与普通的正确率计算一样，它也没有考虑成本问题。

12.1.4.1　成本敏感分类

如果成本已知，可以将它们应用到决策过程的收益分析中。在一个二类问题中，混淆矩阵如表 12-3 所示，它的两种错误类型，假正例和假负例，将有不同的成本；同样，两种不同的正确分类也可能带来不同的收益。二类问题的成本可概括成一个 2×2 的矩阵，主对角元素代表了两种类型的正确分类，而非主对角元素代表了两种类型的错误分类。在多类情况下，它推广为一个方阵，方阵大小就是类的个数，并且主对角元素也代表了正确分类的成本。表 12-3 和表 12-4 分别展示了二类问题和三类问题默认的成本矩阵，矩阵只是简单地给出了错误数目——每个错误分类成本都是 1。

表 12-3　二类问题默认的成本矩阵

实际类别	预测类别	
	Y	N
Y	0	1
N	1	0

表 12-4　三类问题默认的成本矩阵

实际类别	预测类别		
	a	b	c
a	0	1	1
b	1	0	1
c	1	1	0

考虑成本矩阵，用每个决策的平均成本来代替正确率。虽然这里我们不这样做，但决策过程中完整的收益分析也许还要考虑使用机器学习工具的成本，包括搜集训练集的成本和模型使用的成本，或者产生决策结构的成本，即决定测试实例属性的成本。如果这些成本都是已知的，成本矩阵中反映不同结果的数值可以估计出来，例如使用交叉验证法估计，那么进行这种收益分析就很简单了。

给定成本矩阵，可以计算某个具体学习模型在某个测试集上的成本，只要将模型对每个测试实例进行预测所形成的成本矩阵中的相关元素相加。进行预测时，可以忽略成本；但进行评估时则需考虑成本。

如果模型能够输出与各个预测相关联的概率，就能将期望预测成本调整到最小。模型给出对某个测试实例各个预测结果的概率，一般都会选择概率最大的那个预测结果。模型也可以选择期望错误分类成本最低的那个类作为预测结果。假设有一个三类问题，分类模型赋予某一个测试实例属于 a、b、c 这 3 个类的概率分别为 P_a、P_b 和 P_c，它的成本矩阵如表 12-4 所示。如果预测属于 a 类，并且这个预测结果是正确的，那么期望预测成本就是将矩阵的第一列 [0,1,1] 和概率向量 $[P_a, P_b, P_c]$ 相乘，得到 $P_b + P_c$，或者 $1 - P_a$，因为 3 个概率的和等于 1。类似地，另外两个类的预

测成本分别是 $1-P_b$ 和 $1-P_c$。对这个成本矩阵来说，选择期望成本最低的预测就相当于选择了概率最大的类。对于不同的成本矩阵，情况可能会有所不同。

上述假设的前提是学习方案能输出概率，就像朴素贝叶斯方法那样。即使通常情况下不输出概率，大多数分类器还是很容易计算概率的。例如，决策树中对一个测试实例的概率分布就对应叶子节点上的类分布。

12.1.4.2　成本敏感学习

我们已经说明怎样利用一个在建模时不考虑成本的分类器做出对成本矩阵敏感的预测。在这种情况下，成本在训练阶段被忽略，但在预测阶段则需考虑。另一种方法正好相反，在训练过程中考虑成本，而在预测时忽略成本。从理论上讲，如果学习算法给分类器合适的成本矩阵，可能会获得较好的性能。

对一个二类问题，有一个简单的常用方法能使任何一个学习算法变为成本敏感的算法。思路是生成拥有不同类别比例的 Y 和 N 的实例训练数据。假设人为地提高数据集中属于 N 类的实例数量为原来的 10 倍，然后用这个数据集进行训练。如果学习算法是力争使错误数最小化的，那么将形成一个倾向于避免对 N 类实例错误分类的决策结构，因为这种错误会带来 10 倍的惩罚。如果在测试数据中，N 类实例的比例与它在原始数据中的比例相同，那么 N 类实例的错误将少于 Y 类的实例，也就是说，假正例将少于假负例，因为假正例已被加权而达到假负例的 10 倍。改变训练集中实例的比例是一种建立成本敏感分类器的常用技术。

改变训练集实例比例的一种方法是复制数据集中的实例。然而，很多学习算法允许对实例加权。实例的权值通常初始化为 1。为了建立成本敏感的分类器，权值可以初始化为两种错误的相对成本，即假正例和假负例所对应的成本。

12.1.5　提升图、ROC 曲线、召回率–精确率曲线

12.1.5.1　提升图

本节以广告投放工作为例进行说明。假设向 1 000 000 名客户投放广告，根据已有经验，回复率为 0.1%（即得到 1 000 个回复）。假设我们已有数据挖掘设备，可以根据得到的数据识别出 100 000 个用户，对这些用户进行推送（即推送比例为 10%）的回复率为 0.4%（即得到 400 个回复），此时提升因子为 4。假设采用相同的数据挖据方法而选择不同参数设置可以识别出 400 000 个用户，对这些用户进行推送（即推送比例为 40%）的回复率为 0.2%（即得到 800 个回复），对应的提升因子为 2。选择哪种广告投放方案需要考虑模型建立和应用成本，包括生成属性值所需的信息搜集成本，如果模型建立和应用成本过高，则大规模推送比锁定用户推送的效率更高。

给定一个能输出对测试集每个成员的类预测概率的学习算法（如朴素贝叶斯方法），我们需要找出一些测试实例子集，这些子集所含正例的比例高于正例在整个测试集中所占的比例。为此，将所有测试实例按照预测 Y 的概率降序排列。这

样，要找出一个给定大小、正例所占比例尽可能大的样本，只要在测试实例序列中按顺序读取所需数量的实例。如果每个测试实例的真实类别已知，就可以计算提升因子，只要将样本中正例的数量除以样本数量得到一个正确比例，然后除以整个测试集的正确比例就可以得到提升因子。

以一个包含 150 个实例的数据集为例进行说明，其中 50 个实例为正例（Y），因此预测准确率为 33%。将所有的实例按照其被预测为 Y 的概率的降序排列，即序列中的第一个实例为 Y 的概率最大，第二个实例为 Y 的概率次之，依此类推。序列前 19 个实例的预测概率和实际类别如表 12-5 所示。从表 12-5 可以看出，学习算法对第一个实例和第二个实例的预测都是正确的，但是对第三个实例的预测是错误的。如果需要寻找 10 个最有可能是正例的实例，但只知道预测概率而不知实际类别，那么最佳的选择就是选取序列中的前 10 个实例，其中 8 个实例为正例，因此正确比例为 80%，对应的提升因子约为 2.4。

表 12-5　序列前 19 个实例的预测概率和实际类别

排名	预测概率	实际类别	排名	预测概率	实际类别
1	0.95	Y	11	0.77	N
2	0.93	Y	12	0.76	Y
3	0.93	N	13	0.73	Y
4	0.88	Y	14	0.65	N
5	0.86	Y	15	0.63	Y
6	0.85	Y	16	0.58	N
7	0.82	Y	17	0.56	Y
8	0.80	Y	18	0.49	N
9	0.80	N	19	0.48	Y
10	0.79	Y	…	…	…

对于本节所述的广告投放工作，如果已知所投入的成本，就可以对不同大小的样本计算成本，然后选择收益最大的样本。然而，通过图形展示各种不同的可能性通常比只提供一个最佳决策更有启发作用。用不同大小的样本重复上述操作，可以得到图 12.1 所示的提升图。横轴表示样本大小与所有可能推送数量的比例，即样本占比；纵轴表示所得到的回复数量，对角线给出了针对不同大小的随机样本的期望结果。这里我们并没有随机挑选样本，而是使用数据挖掘方法来挑选最有希望回复的样本，所得结果如图 12.1 中实线所示。本节讨论过的两个具体例子，即对 100 000 个用户进行推送和对 400 000 个用户进行推送，在图 12.1 中标记为 10%推送比例得到 400 个回复和 40%推送比例得到 800 个回复。

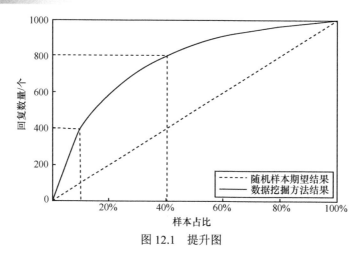

图 12.1　提升图

12.1.5.2　ROC 曲线

提升图是非常有用的工具，广泛应用于各个领域，它与一种评估数据挖掘方法的图形技术——受试者工作特征（ROC）曲线关系密切。ROC 曲线在 12.1.5.1 节所述情况下也是适用的，并且在选取样本的时候，尽可能地将正例的占比提高。ROC 曲线在有噪声的通道中对命中率与误报率进行了折中，可以在没有类分布和误差成本的情况下描述分类器的性能。

ROC 曲线的纵轴表示真正率，用样本中正例的数目占所有正例数目的百分比表示 $\left(真正率=100\%\times\dfrac{TP}{TP+FN}\right)$；横轴表示假正率，用样本中负例的数目占所有负例数目的百分比表示 $\left(假正率=100\%\times\dfrac{FP}{FP+TN}\right)$。图 12.2 展示了表 12-5 所示测试样本的 ROC 曲线。

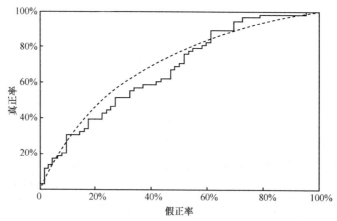

图 12.2　表 12-5 所示测试样本的 ROC 曲线

ROC 曲线形状取决于特定的测试数据。通过使用交互验证，可以减少对样本的依赖性。对于每一个实例 N 的数目，选取适当的先前样本，并且恰好包括了实例 N 的样本，然后对不同的交叉检验得到的实例 Y 数目进行平均，最终形成了一个平滑的曲线，如图 12.2 中虚线所示。现实任务中通常利用有限个测试样本来绘制 ROC 曲线，如图 12.2 中实线所示。

上述方法是通过交叉验证来生成 ROC 曲线的方法，而更简单的办法就是将不同的测试集（10 折交叉验证中有 10 组）中的样本的预测概率与相应的实际类别标签相结合，从而产生一个有序列表。假定用同一大小的随机采样来构造分类器和得出概率估计。

如果学习算法不能对实例进行排序，可以如前文所述先将其变为成本敏感的算法。在 10 折交叉验证的每个折中，对实例选择不同的成本比例加权，在每个加权后的数据集上进行训练，在测试集上计算真正率和假正率，然后绘制 ROC 曲线。但是，对于一些成本敏感的概率性分类器（如朴素贝叶斯方法）来说，学习成本会大大增加，因为 ROC 曲线的每个点上都要包含一个独立的学习问题。通过对 ROC 曲线的比较，可以得出不同的 ROC 值，从而选择不同的学习算法。

例如，对于图 12.3 所示的两个学习算法的 ROC 曲线，如果需要寻找一个更小型和更密集的样本，那么选择 A 算法；如果需要寻找一个大的样本集，那么选择 B 算法。

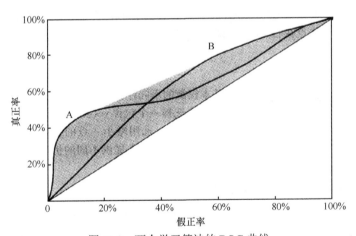

图 12.3　两个学习算法的 ROC 曲线

图 12.3 的阴影区域被称为两条曲线之间的一个凸包。对于既不属于 A 算法也不属于 B 算法的凸包中间区域，可以将 A 算法和 B 算法以适当的概率组合，从而达到阴影区域的任何位置。A 算法的真正率和假正率分别为 t_A 和 f_A，B 算法的真正率和假正率分别为 t_B 和 f_B，为两种算法分别选择某一具体的概率权值。如果使

用这两个学习方法的概率分别为 p 和 q，且 $p+q=1$，那么得到的真正率和假正率分别为 pt_A+qt_B 和 pt_A+qt_B。这代表了位于 (t_A, f_A) 和 (t_B, f_B) 两点之间的直线上的某一个点，改变 p 和 q 的值可以描绘出这两点之间的连线。这样，整个阴影区域的每个点都可以得到。只有当某个算法产生一个点正好落在凸包的边界时，单独使用该算法；否则，需要使用多个算法的组合，这与凸包上点对应。

12.1.5.3 召回率-精确率曲线

人们已经通过描绘各个不同领域的提升图和 ROC 曲线，解决了一些基本的权衡问题，一个典型的例子就是信息搜寻。提交一份查询，网页搜寻引擎会列出一系列与该查询有关的文档。如果一个系统返回了 100 个文档，其中，40 个文档是与查询有关的，而另外一个系统返回了 400 个文档，其中 80 个文档是与查询有关的。两种系统相比哪一种更好？很显然，这是由假正例（返回的是与查询无关的文档）和假负例（与查询有关但未返回的文档）的代价确定的。研究者定义了召回率（recall）和精确率（precision）。

$$召回率 = \frac{被检索到的相关的文档数}{相关文档的总数} = \frac{TP}{TP+FN}$$

$$精确率 = \frac{被检索到的相关文档数}{检索得到的文档的总数} = \frac{TP}{TP+FP}$$

召回率-精确率曲线与 ROC 曲线和提升图类似，针对不同的查询文档数量分别绘制对应的召回率和精确率，所得曲线呈双曲形状。

🔍 12.2 分类器模型检测实验

12.2.1 实验概述

实验目的如下。

（1）了解模型评估的基础知识。

（2）了解 10 折交叉验证的理论知识，掌握 10 折交叉验证生成训练集和测试集的方法。

（3）了解混淆矩阵的意义，掌握正确率、误差率等计算方法。

（4）掌握召回率、精确率的计算方法，并通过实验结果评估模型的性能。

实验资源如下。

（1）硬件资源：一台计算机。

（2）软件资源：匿名网络数据集，匿名流量检测模型。

12.2.2　实验步骤

对于流量检测模型性能的评估和分析的实验，我们将结合上述理论知识，通过第 8 章采集的匿名网络数据集对检测模型的性能进行分析和评估。实验分为以下几个部分。

12.2.2.1　Sklearn 交叉验证

Sklearn 交叉验证是 Sklearn 常用的评估模型表现的方法。

训练模型参数和测试模型性能时使用相同的数据集可以得到非常高的性能评分，但是当模型输入未知数据的时候可能无法得出有用信息了。这个情形被称作过拟合，为防止此类问题，在进行（监督）机器学习实验时，经常将可使用的数据的一部分提取出来，以测试模型的真实性能。

1. 利用 train_test_split 函数分割数据集

利用 Sklearn 包中的 train_test_split 函数可以很快地将实验数据集划分为训练集和测试集。

在 Pycharm 中输入下列代码，可以将 iris 数据集中的 10%用作测试集。

```
（1）import numpy as np
（2）from sklearn.model_selection import train_test_split
（3）from sklearn import datasets
（4）iris = datasets.load_iris()
（5）X_train, X_test, y_train, y_test = train_test_split(iris.
data, iris.target, test_size=0.1, random_state=0)
（6）print(X_test)
（7）print(y_test)
```

训练样本以及标签如图 12.4 所示。

```
[[5.8  2.8  5.1  2.4]
 [6.   2.2  4.   1. ]
 [5.5  4.2  1.4  0.2]
 [7.3  2.9  6.3  1.8]
 [5.   3.4  1.5  0.2]
 [6.3  3.3  6.   2.5]
 [5.   3.5  1.3  0.3]
 [6.7  3.1  4.7  1.5]
 [6.8  2.8  4.8  1.4]
 [6.1  2.8  4.   1.3]
 [6.1  2.6  5.6  1.4]
 [6.4  3.2  4.5  1.5]
 [6.1  2.8  4.7  1.2]
 [6.5  2.8  4.6  1.5]
 [6.1  2.9  4.7  1.4]]
[2 1 0 2 0 2 0 1 1 1 2 1 1 1 1]
```

图 12.4　训练样本以及标签

2. 用 cross_val_score 函数完成 K 折交叉验证和和度量评估

使用交叉验证最简单的方法是在估计器和数据集上调用 cross_val_score 辅助

函数。以使用 iris 数据集为例,拟合一个线性支持向量机模型,默认情况下,每个交叉验证迭代计算的分数是估计器的 Score 方法。可以通过使用 Scoring 参数来指定评价指标,通过修改 Scoring 参数可以修改估计器。常见的评价标准有精确度、查准率、召回率、F1 得分,可以使用 Scoring 参数指定需要计算的指标,例如我们将评价指标指定为 F1 得分;代码如下。

```
(1) from sklearn.model_selection import cross_val_score
(2) from sklearn import svm
(3) from sklearn import datasets
(4) iris = datasets.load_iris()
(5) clf = svm.SVC(kernel='linear', C=1)
(6) scores = cross_val_score(clf, X_test, y_test, cv=5,
scoring='f1_weighted')
```

12.2.2.2　使用交叉验证评估模型

评估是机器学习能否取得真正进展的关键环节,要决定采取何种方法来解决某一具体问题,需要对不同的方法进行系统的比较和评估。

错误率。交叉验证可以充分利用有限的数据集对分类器的准确率进行评估,而在某些情况下需要评估分类器对单个类别数据的分类效果,如分类器是否将一个正例错误地归类为负例,或者将负例归类为正例,错误分类的概率为多少。在进行数据挖掘及性能评估时,这些性能指标的考虑是非常重要的。

本节实验将使用归一化并在 3 种分类器(KNN、RF、SVM)下训练过的 anonymousDataSetNormalized 和 dataset_label 作为特征集与标签,测试在 10 折交叉验证下 KNN 分类器的准确率有哪些不同,查看混淆矩阵并计算分类器的错误率。具体代码如下。

使用 10 折交叉验证查看 KNN 分类器的准确率,代码如下。

```
(1) from sklearn.neighbors import KNeighborsClassifier#利用邻近点方式训练数据
(2) import sklearn.model_selection as ms
(3) knn=KNeighborsClassifier()
(4) #cv 交叉验证生成器或可迭代次数,Scoring 评分方法
(5) score = ms.cross_val_score(knn, anonymousDataSetNormalized,
dataset_label, cv=10, scoring='accuracy')
(6) print('10 次预测准确率为: ',score)
```

KNN 分类器准确率 10 折交叉验证的结果如图 12.5 所示。

```
10次预测准确率为: [0.5        0.54545455 0.81818182 0.72727273 0.81818182 0.72727273
 0.72727273 0.54545455 0.90909091 0.72727273]
```

图 12.5　KNN 分类器准确率 10 折交叉验证的结果

获取混淆矩阵并计算错误率,代码如下。

（1）**from** sklearn.neighbors **import** KNeighborsClassifier#利用邻近点方式训练数据

（2）**import** sklearn.model_selection as ms

（3）knn=KNeighborsClassifier()

（4）#分割数据

（5）X_train,X_test,y_train,y_test = ms.train_test_split(anonymous DataSetNormalized,dataset_label,test_size=0.2,random_state=7)

在 10 折交叉验证中计算模型的各项数据。

使用 train_x 和 train_y 对 knn 模型进行 10 折交叉验证并获取相应的准确率、查准率、召回率和 F1 得分，分别命名为 acc、precision、recall、f1，代码如下。

（1）acc = ms.cross_val_score(knn, anonymousDataSetNormalized, dataset_label, cv=10, scoring='accuracy')

（2）precision = ms.cross_val_score(knn, anonymousDataSetNormalized, dataset_label, cv=10, scoring='precision_weighted')

（3）recall = ms.cross_val_score(knn, anonymousDataSetNormalized, dataset_label, cv=10, scoring='recall_weighted')

（4）f1 = ms.cross_val_score(knn, anonymousDataSetNormalized, dataset_label, cv=10, scoring='f1_weighted')

（5）**print**("acc:",acc)

（6）**print**("precision:",precision)

（7）**print**("recall:",recall)

（8）**print**("f1:",f1)

（9）#使用 X_train 和 y_train 训练 KNN 模型并预测 X_test 对应的 label：pred_y_test。最终使用 y_test 和 pred_y_test 获取混淆矩阵 m。

（10）knn.fit(X_train, y_train)

（11）pred_y_test = knn.predict(X_test)

（12）**from** sklearn.metrics **import** confusion_matrix

（13）m = confusion_matrix(y_test, pred_y_test)#计算混淆矩阵

（14）**print**('混淆矩阵为：')

（15）print(m)

（16）#计算准确率

（17）**from** sklearn.metrics **import** accuracy_score#评估本次分类的准确率

（18）accu=accuracy_score(y_test, pred_y_test)

错误率的定义是：errorRate = (FP+FN)/(P+N)。对某一个实例来说，分类正确与分类错误是互斥事件，所以 accuracy =1 − errorRate。

我们首先使用混淆矩阵计算错误率，然后与准确率相加，看结果是否非常接近 1。

通过混淆矩阵计算 3 个值，即样本数量 TotalNum、正确分类的样本数量 rightClassificationNUm、错误分类的样本数量 wrongClassificationNUm，并计算错误率 errorRate。

检验错误率与准确率之和如果为 1 则正确，代码如下。

```
(1) FP_FN = 0
(2) TotalNum = sum(sum(m))
(3) for i in range(len(m)):
(4)     for j in range(len(m[0])):
(5)         if i != j:
(6)             FP_FN += m[i][j]
(7) errorRate = FP_FN/TotalNum
(8) print('错误率',errorRate*100,'%')
(9) print('错误率+准确率=',int(errorRate+accu)*100,'%')
```

10 折交叉验证下准确率、查准率、召回率、F1 得分的结果对比如图 12.6 所示。

图 12.6　10 折交叉验证下 4 个指标的结果对比

混淆矩阵与错误率结果如图 12.7 所示。

图 12.7　混淆矩阵与错误率结果

参考文献

[1] SYVERSON P, DINGLEDINE R, MATHEWSON N. Tor: the second generation onion router[C]//Proceedings of the 13th Conference on USENIX Security Symposium. New York: ACM Press, 2004: 303-320.

[2] ADEWOPO V, GONEN B, VARLIOGLU S, et al. Plunge into the underworld: a survey on emergence of darknet[C]//Proceedings of the 2019 International Conference on Computational Science and Computational Intelligence (CSCI). Piscataway: IEEE Press, 2019: 155-159.

[3] SPALEVIC Z, ILIC M. The use of dark Web for the purpose of illegal activity spreading[J]. Ekonomika, Journal for Economic Theory and Practice and Social Issues, 2017, 63(1): 73-82.

[4] 罗军舟, 杨明, 凌振, 等. 匿名通信与暗网研究综述[J]. 计算机研究与发展, 2019, 56(1): 103-130.

[5] HSIAO H C, KIM T H J, PERRIG A, et al. LAP: lightweight anonymity and privacy[C]//Proceedings of the 2012 IEEE Symposium on Security and Privacy. Piscataway: IEEE Press, 2012: 506-520.

[6] SANKEY J, WRIGHT M. Dovetail: stronger anonymity in next-generation Internet routing[C]//Proceedings of the International Symposium on Privacy Enhancing Technologies Symposium.Berlin: Springer, 2014: 283-303.

[7] CHEN C, PERRIG A. PHI: path-hidden lightweight anonymity protocol at network layer[J]. Proceedings on Privacy Enhancing Technologies, 2017, 2017(1): 100-117.

[8] CHEN C, ASONI D E, BARRERA D, et al. HORNET: high-speed onion routing at the network layer[C]//Proceedings of the 22nd ACM SIGSAC Conference on Computer and Communications Security. New York: ACM Press, 2015: 1441-1454.

[9] CHEN C, ASONI D E, PERRIG A, et al. TARANET: traffic-analysis resistant

anonymity at the network layer[C]//Proceedings of the 2018 IEEE European Symposium on Security and Privacy (EuroS&P). Piscataway: IEEE Press, 2018: 137-152.

[10] HINTZ A. Fingerprinting websites using traffic analysis[C]//Proceedings of the 2nd International Conference on Privacy Enhancing Technologies. New York: ACM Press, 2002: 171-178.